中国工程科技中长期发展战略研究项目资助

大数据与制造流程知识自动化发展战略研究

柴天佑 等 著

科学出版社

北 京

内 容 简 介

本书是中国工程院和国家自然科学基金委员会联合资助的中国工程科技中长期发展战略研究项目"大数据与制造流程知识自动化发展战略研究"成果。本书从大数据与制造流程知识自动化的战略地位与应用价值出发,分析了流程工业智能制造的特点,提出流程工业智能制造的新模式——流程工业智能优化制造,并描述了流程工业智能优化制造愿景。围绕该愿景,阐述了其主要组成部分:大数据和知识自动化驱动的智能优化决策系统、生产全流程智能优化协同控制系统、生产运行监控与动态性能评价系统、流程工业虚拟制造系统和支撑大数据与知识自动化的新一代流程工业网络化智能管控系统的内涵、发展态势、发展思路与重点任务、重点领域与关键技术等。最后,分析了流程工业智能优化制造的国内外发展规划,并提出了政策建议。

本书可供智能制造相关专业的本科生、研究生,流程工业自动化和智能制造相关领域的研究人员、企业管理人员,以及行业研究所、设计院和政府科技管理规划部门人员等阅读参考。

图书在版编目(CIP)数据

大数据与制造流程知识自动化发展战略研究/柴天佑等著. —北京:科学出版社,2019.11
  ISBN 978-7-03-063140-4

Ⅰ. ①大… Ⅱ. ①柴… Ⅲ. ①数据处理—应用—智能制造系统—研究 Ⅳ. ①TH166

中国版本图书馆 CIP 数据核字(2019)第 250514 号

责任编辑:张 震 韩海童 / 责任校对:彭珍珍
责任印制:吴兆东 / 封面设计:无极书装

斜 学 出 版 社 出版
北京东黄城根北街 16 号
邮政编码:100717
http://www.sciencep.com

北京中石油彩色印刷有限责任公司 印刷
科学出版社发行 各地新华书店经销
*
2019 年 11 月第 一 版 开本:720×1000 1/16
2020 年 6 月第二次印刷 印张:11 3/4
字数:140 000

定价:98.00 元
(如有印装质量问题,我社负责调换)

本书是中国工程院、国家自然科学基金委员会

中国工程科技中长期发展战略研究项目

"大数据与制造流程知识自动化

发展战略研究"成果

本书作者名单

柴天佑

桂卫华

钱　锋

丁进良

前　　言

2009 年 3 月，国家自然科学基金委员会与中国工程院共同设立"中国工程科技中长期发展战略研究"联合基金（以下简称联合基金），通过双方合作来提升工程科技领域的战略研究水平。2012 年 2 月双方签署共同开展"中国工程科技中长期发展战略研究"框架协议，在联合基金项目前期研究成果的基础上，进一步完善合作机制，通过强强联合、深度合作和协同创新，围绕未来 10～15 年我国工程科技若干重要方向，研究分析工程科技发展规律和特点；制定工程科学有关学科和领域的发展战略；凝练具有引领性的重大工程和需要发展的重大关键共性技术；明确各重要方向的阶段性发展目标、重点领域、难点问题、关键技术路线图及国家重点支持的研发项目名录；提出工程科技支撑与促进我国经济社会发展的新思路。

在联合基金支持下，东北大学柴天佑院士、中南大学桂卫华院士、华东理工大学钱锋院士，以及多家单位、多名专家学者以"大数据与制造流程知识自动化发展战略研究"为主题，依据《国家中长期科学与技术发展规划纲要》、《中国制造 2025》发展战略目标，结合我国流程工业的特点并针对其瓶颈问题，为使我国由流程工业制造大国变为制造强国，提出了流程工业智能制造应当采用智能优化制造新模式。本书即在此项研究基础上撰写而成。

　　流程工业智能优化制造是以流程工业企业全局及生产经营全过程的高效化与绿色化为目标，以生产工艺智能优化和生产全流程整体智能优化为特征的创新制造模式。本书作者围绕其关键共性技术及涉及的关键科学问题开展研究，以实现流程工业智能优化制造为目标，将大数据、知识型工作自动化、人工智能、自动化、通信、计算机与流程工业的领域知识深度融合与协同，开展多学科协同创新研究。本书主要内容有：①大数据与制造流程知识自动化的战略地位与应用价值；②大数据与知识自动化驱动的智能优化决策系统理论与关键技术；③大数据与知识自动化驱动的生产全流程智能优化协同控制系统理论与关键技术；④大数据与知识自动化驱动的生产运行监控与动态性能评价系统理论与关键技术；⑤大数据与知识自动化驱动的流程工业虚拟制造系统理论与关键技术；⑥支撑大数据与知识自动化的新一代流程工业网络化智能管控系统。

　　本书研究的以实现流程工业智能优化制造为目标的重点研究任务不仅涉及自动化科学与技术、通信和计算机科学与技术、数据科学的前沿科学难题和关键共性技术，而且涉及不同流程工业的研究领域，具有明显的多学科交叉的特点，此外，还涉及科研体制和人才培养。为了使每项研究任务的发展规律与发展态势、发展思路与重点任务、重点领域与关键技术得以清晰描述，本书将重点研究任务分五章来叙述。为了使以实现流程工业智能优化制造为目标的大数据与制造流程知识自动化的研究处于国际领先水平，使我国由流程工业制造大国变为制造强国提供科技支撑，特将本书提出的本领域未来发展的有效资助机制及国家相关产业发展的主要政策建议单列一章。本书章节结构如图1所示。

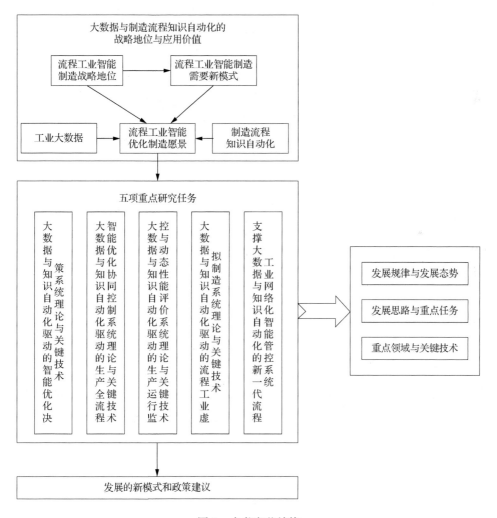

图1　本书章节结构

　　在项目研究及本书的撰写过程中，作者邀请近百人次业内专家参与内容的讨论并提供撰写材料，给作者带来了巨大启发。应该说没有各位同行的支持，项目研究不可能完成，本书不可能付梓，在此我谨代表全体作者对他们表达诚挚谢意。此外，还要感谢国家自然科学基金委员会、中国工程院等的大力支持。

　　由于作者水平所限，不当之处在所难免，敬请读者不吝赐教。

中国工程院院士　柴天佑

2018 年 5 月

目　　录

第 1 章　大数据与制造流程知识自动化的战略地位与应用价值

作为工业发展的先导，流程工业在保障国家重大工程建设、促进工业转型升级、带动国民经济增长等方面起着不可替代的作用，流程工业的发展水平和质量直接决定着我国制造业的竞争力和企业的品牌影响力。但是我国流程工业的发展也受到能源消耗大、环境污染严重、资源紧缺的制约。我国流程工业正从局部、粗放生产的传统流程工业向全流程、精细化生产的现代流程工业发展，以达到大幅提高资源与能源的利用率、有效减少污染的目的。高效化和绿色化是我国流程工业发展的必然方向。智能制造已成为公认的提升制造业整体竞争力的核心高技术，流程工业智能制造的目标就是生产工艺优化和生产全流程的整体优化。只有将新兴的工业大数据、知识型工作自动化技术和控制、通信、计算机技术与制造流程的物理资源紧密融合与协同，才有可能形成适合不同流程工业特点的生产工艺智能优化技术和生产全流程整体智能优化控制技术。

1.1　流程工业智能制造的战略地位

1.1.1　流程工业在国民经济中的基础性战略地位

流程工业是制造业的重要组成部分，是以资源和可回收资源为原料，通过包含物理化学反应的气液固多相共存的连续化复杂生产过程，为制造业提供原材料的工业，包括石油、化工、钢铁、有色、建材等高耗能行业，是国民经济和社会发展的重要支柱产业，是我国经济持续增长的重要支撑力量。

经过数十年的发展，我国流程工业的生产工艺、生产装备和生产自动化水平都得到了大幅度提升，目前我国已成为世界上门类最齐全、规模最庞大的流程制造业大国。我国流程工业产能高度集中，电力、水泥、钢铁、有色、造纸等行业的产能均居世界第一。如 2015 年我国粗钢产量达到 8.04 亿吨，占全球粗钢总产量的 49.54%；目前我国十种有色金属总产量稳居世界第一，石油加工能力、乙烯产量稳居世界第二。2015 年，我国工业增加值达到 22.89 万亿元，占 GDP 的比例达到 33.82%，连续多年保持世界第一大国地位。

但是也应该看到，我国流程工业的发展正受到资源紧缺、能源消耗大、环境污染严重的制约。流程工业是高能耗、高污染行业，比如目前我国石油、化工、钢铁、有色、电力等流程工业的能源消耗、二氧化碳排放量及二氧化硫排放量均占全国工业的 70%以上（其中工业总能耗占全国能耗的 71.4%，工业二氧化碳排放量占全国二氧化碳总排放量的 84%以上）。2015 年，我国二氧化硫排放量占全球排放量的 26%，氮氧化物排放量占全球排放量的 28%，二氧化碳排放量占全球排放量的 20%～25%。我国流程工业原料的对外依存度不断上升，如 2015 年我国铁矿石进口 9.52 亿吨，对外依存度突破 80%，石油表观消费量超过 5.43 亿吨，进口 3.34 亿吨，对外依存度突破 60%，铜原料的对外依存度超过 70%，铝原料的对外依存度超过 50%，铅、锌原料的对外依存度均超过 40%。随着我国经济的持续发展，流程工业原料的对外依存度还将上升。资源和能源利用率低是造成资源紧缺和能耗高的一个重要原因，如矿产资源总回收率比国外先进水平低 20%，能源利用率比发达国家低 10%，致使我国钢铁、有色、电力、化工等 8 个高耗能行业单位产品能耗比世界先进水平平均高 40%以上。我国矿产资源复杂，资源禀赋差，随着优质资源的枯竭，资源开发转向"低品位、难处理、多组分共伴生复杂矿为主"的矿产资源，资源综合利用率低、流程长、生产成本高。可以看出，资源紧缺、能源消耗大、环境污染严重成为我国流程工业发展的瓶颈。

1.1.2　提高制造业竞争力的必然选择——智能制造

当前，发达国家纷纷实施"再工业化"战略，强化制造业创新，重塑制造业竞争新优势；一些发展中国家也在加快谋划和布局，积极参与全球产业再分工，谋求新一轮竞争的有利位置。从全球产业发展大趋势来看，发达国家正利用在信息技术领域的领先优势，加快制造工业智能化的进程。美国智能制造领导联盟提出了实施 21 世纪"智能过程制造"的技术框架和路线[1]，拟通过融合知识的生产过程优化实现工业的升级转型，即：集成知识和大量模型，采用主动响应和预防策略进行优化决策和生产制造。德国针对离散制造业提出了以智能制造为主导的第四次工业革命发展战略[2]，即"工业 4.0"计划，将信息和通信技术（information and communication technology，ICT）与生产制造技术深度融合，通过信息物理系统（cyber physical system，CPS，指现代计算机技术、通信技术、控制技术与物理制造实体的有机融合）技术、物联网和服务互联网，实现产品、设备、人和组织之间无缝集成及合作。"智慧工厂"和"智能生产"是"工业 4.0"的两大主题。"工业 4.0"通过价值链及信息物理网络实现企业间的横向集成，支持新的商业策略和模式的发展；贯穿价值链的端对端集成，实现从产品开发到制造过程、产品生产和服务的全生命周期管理；根据个性化需求自动构建资源配置（机器、工作和物流等），实现纵向集成、灵活且可重新组合的网络化制造。此外，英国发布"英国工业 2050 战略"，日本和韩国先后提出"i-Japan 战略"和"制造业创新 3.0 战略"。面对第四次工业革命带来的全球产业竞争格局的新调整和抢占未来产业竞争制高点的新挑战，我国宣布实施《中国制造 2025》和"互联网+协同制造"，是主动应对新一轮科技革命和产业变革的重大战略选择，是我国制造强国建设的宏伟蓝图。

1.1.3　我国实现制造强国的主攻方向——智能制造

制造业是国民经济的支柱产业，是工业化和现代化的主导力量，是国家安全和人民幸福的物质保障，是衡量一个国家或地区综合经济实力和国际竞争力的重要标志。尤其近十年，我国制造业持续快速发展，不仅总体规模大幅提升，其综合实力也不断增强。因此，制造业对我国经济和社会发展做出了重要贡献，同时也成为支撑世界经济社会发展的重要力量之一。

2015 年 5 月 19 日，国务院正式印发了《中国制造 2025》。这是增强我国综合国力、提升国际竞争力、保障国家安全的重大战略部署，其核心是加快推进制造业创新发展、提质增效，实现从制造大国向制造强国转变。

《中国制造 2025》的总体思路是坚持走中国特色新型工业化道路，以促进制造业创新发展为主题，以加快新一代信息技术与制造业深度融合为主线，以推进智能制造为主攻方向，强化工业基础能力，提高综合集成水平，完善多层次人才体系，实现制造业由大变强的历史跨越。

《中国制造 2025》明确了新一代信息技术产业、新材料、高档数控机床和机器人等十大重点领域，以及国家制造业创新中心建设、智能制造、工业强基、绿色制造和高端装备创新等五大重大工程[3,4]。纵观当前制造业发展趋势，信息业与制造业的深度融合是未来产业竞争的制高点，德国、日本和韩国等国家注重离散工业的智能制造，美国因为拥有强大的流程制造工业，其智能过程制造（smart process manufacturing，SPM）计划对流程工业的智能制造进行了规划。我国是世界最大的流程工业国家，流程工业制造水平的高低，将决定我国是否可以实现制造强国的宏伟目标，但《中国制造 2025》缺乏对流程工业智能制造的战略愿景规划。我国必须推进流程工业重点行业智能转型升级，提高企业资源利用效率，加快构建高效、清洁、低碳、循环的绿色流程工业制造体系。

1.2 我国流程工业运行概况、现有问题及智能制造的创新模式

1.2.1 我国流程工业运行概况

流程工业在国民经济与社会发展、国防安全等领域均起到不可替代的作用，其发展质量与水平直接影响我国制造业在国际上的核心竞争力。经过几十年发展，我国流程工业规模不断扩大，产业结构逐步优化，关键技术不断取得突破，产品日趋多样化，基本形成结构优化、资源节约、清洁安全、质量效益好的现代流程工业体系[5]。

近年来，流程工业面对错综复杂的国内外经济形势，积极应对经济下行

压力，通过管理创新，淘汰落后产能，调整产业结构，取得了较好的发展态势。2015 年我国典型流程工业的运行概况如下[6-9]。

（1）行业生产运行总体平稳。2015 年石化行业增加值同比增长 7.2%，其中化工行业增加值同比增长 9.3%，大部分行业生产实现了不同程度的增长；合成材料总产量 1.23 亿吨，增长 8.2%，其中乙烯产量 1714.5 万吨，增长 1.6%。2015 年，全国粗钢产量 8.04 亿吨，同比下降 2.3%，近 30 年来首次出现下降，占全球粗钢总产量的比例为 49.54%；国内粗钢表观消费 7 亿吨，同比下降 5.4%，连续两年出现下降，降幅扩大 1.4 个百分点；钢材（含重复材）产量 11.2 亿吨，同比增长 0.6%，增幅下降 3.9 个百分点。2015 年有色金属行业十种有色金属产量 5090 万吨，同比增长 5.8%，增速下降 1.4 个百分点，其中精炼铜、电解铝、铅、锌产量分别为 796 万吨、3141 万吨、386 万吨、615 万吨，分别同比增长 4.8%、8.4%、−5.3%、4.9%。2015 年我国建材行业产能严重过剩的水泥、平板玻璃产量分别为 23.5 亿吨、7.4 亿重量箱，同比分别下降 4.9%、8.6%，水泥产量是 25 年来的首次下降。

（2）经济效益不理想，整体盈利水平仍然较低。2015 年石化行业效益总体下滑：主营业务收入 12.74 万亿元，下降 6.1%；利润总额 6265.2 亿元，下降 18.3%。2015 年钢铁行业出现全行业亏损，重点统计钢铁企业实现销售收入 28890 亿元，同比下降 19.05%，实现利税-13 亿元、利润-645 亿元，由盈转亏。2015 年有色金属行业规模以上有色金属工业企业实现主营业务收入 57253 亿元，同比增长 0.2%，实现利润 1799 亿元，同比下降 13.2%，近 21% 的企业亏损。2015 年建材行业规模以上建材企业实现利润 4492 亿元，同比降低 6.9%。其中水泥行业利润 330 亿元，同比下降 58%；平板玻璃行业利润 12 亿元，同比下降 12.4%。

（3）投资增速放缓，产能过剩得到遏制。2015 年石化行业固定资产投资同比下降 0.5%，其中石油和天然气开采业投资增速不足 1%，炼油业投资降幅近 20%，化学工业投资增幅滑落至 2%左右，创历史最低纪录。2015 年钢铁行业固定资产投资 5623 亿元，同比下降 12.8%。其中黑色金属冶炼及压延业投资 4257 亿元，下降 11%；黑色金属矿采选业投资 1366 亿元，下降 17.8%。2015 年有色金属工业（含独立黄金企业）完成固定资产投资 7617 亿元，同比下降 3.2%，几年来首次出现下降。2015 年建材行业全年完成固定资产投资 1.55 万亿元，同比增长 6%。水泥、平板玻璃行业投资不断下降，但低能耗加工制品业投资远高于全行业增速，其中混凝土与水泥制品、建筑用石开采与加工、砖瓦及建筑砌块、轻质建材投资占据前四位，年投资额均超过 1000 亿元。近年来，我国流程工业产能过快增长势头得到遏制。

（4）行业技术创新步伐加快，节能环保效果明显。2014 年以来，钢铁行业成功产业化一批新产品，宝钢 600℃超超临界火电机组钢管、鞍钢三大系列核电用钢、武钢无取向硅钢、太钢 0.02 毫米精密带钢等在下游关键领域实现应用，建材行业精细陶瓷、闪烁晶体、耐高压复合材料气瓶等产业化技术实现突破。节能环保方面，流程工业主要污染物排放和能源消耗指标均有所下降，2014 年重点大中型钢铁企业吨钢综合能耗、二氧化硫和烟尘排放同比分别下降 1.2%、16%和 9.1%，乙烯、烧碱、电石综合能耗分别下降 2.2%、3.2%和 5.5%，铝锭综合交流电耗同比下降 144kW·h/t。

1.2.2　我国流程工业现有运行模式存在的问题

我国流程工业原料变化频繁，工况波动剧烈；生产过程涉及物理化学反应，机理复杂；生产过程连续，不能停顿，任一工序出现问题必然会影响整个生产线和最终的产品质量；原料成分、设备状态、工艺参数和产品质量等无法实时或全面检测。流程工业的上述特点突出地表现为测量（数字化）难、建模难、控制难和优化决策难。

虽然我国部分流程工业或生产装置工艺技术、装备和国际先进水平相当，比如我国电解铝行业在技术运行指标方面引领世界，镇海炼化炼油装置的综合能耗与国际先进水平相当，但我国流程工业的总体物耗、能耗和排放及运行水平与世界先进水平相比有一定的差距，主要表现在：①产品结构性过剩依然严重；②管理和营销等决策缺乏知识型工作自动化；③资源与能源利用率不高；④高端制造（装备、工艺、产品）水平亟待提高；⑤安全环保压力大。造成上述差距的一个主要的原因就是工业化和信息化融合程度不高，缺乏支撑工业过程运行优化的方法和先进软件及系统。近年来，我国大多数大中型流程工业企业都进行了信息化建设，主要的控制和优化系统包括分布式控制系统[又称集散控制系统（distributed control system，DCS）]、现场总线控制系统（fiddbus control system，FCS）、可编程逻辑控制器（programmable logic controller，PLC）系统、应急关断系统（emergency shutdown system，ESD）、先进过程控制（advanced process control，APC）系统、实时优化（real time optimization，RTO）系统、制造执行系统（manufacturing execution system，

MES）等；主要的生产管理系统包括管理信息系统（management information system，MIS）、客户关系管理（customer relationship management，CRM）系统、实验室信息管理系统（laboratory information management system，LIMS）、流程工业经济规划系统（过程工业建模系统，process industry modeling system，PIMS）、企业资源计划（enterprise resource planning，ERP）系统等。但各类信息化系统相对独立、集成性不强，控制指令、调度指令和经营决策分析还严重依赖有经验的知识型工作者。具体而言，我国流程工业企业现阶段从制造过程底层到生产经营顶层还存在一些问题。

（1）在以资金流（商流）为主的经营决策层面：供应链采购与装置运行特性关联度不高，产业链分布与市场需求存在不匹配，知识型工作自动化水平低，缺乏快速和主动响应市场变化的商业决策机制。

（2）在以物质流为主的生产运行层面：资源和废弃资源缺乏综合利用，运行过程依靠知识工作者凭经验和知识进行操作，精细化优化控制水平不高，面向高端制造的工艺流程构效分析与认知能力不足，缺乏虚拟制造技术。

（3）在以能量流为主的能效安环层面：能源的错时空利用技术有待发展，高危化学品、废水、废气、固废的全生命周期足迹缺乏监管和溯源，危险化学品缺乏信息化集成的流通轨迹监控与风险防范。

（4）在以信息流为主的信息感知层面：物料属性和加工过程部分特殊参量无法快速获取，大数据、物联网和云计算等技术在物流和产品流通轨迹监控、生产和管理优化中的应用不够，亟须工业物联网扩充信息资源以深度认识复杂的流程反应过程。

（5）在系统支撑层面：我国流程工业生产效率不理想，既体现在生产系统跨层次运行效率低下，也体现在企业跨领域运营效率低下。现有的系统难以自动化处理非结构数据以驱动智慧决策，也无法支撑复杂的知识自动化软件平台以辅助操作工人决策，需要全新的控制系统架构以实现控制-优化-决策一体化。

总体上，当前我国流程工业两化融合关注的焦点集中在工业装置物质转化过程的自动化，对全生命周期运行过程中的知识获取、提炼及决策等知识型工作在资源利用、能源管理、产品创新、安全环保等方面的应用研究还很匮乏。而且，我国流程工业还面临着人口老龄化、人工成本日趋增长的巨大压力。

1.2.3　流程工业智能制造的创新模式

当今时代，信息技术与工业化呈现加速融合趋势，麦肯锡全球研究院指出：知识型工作自动化是驱动未来全球经济的 12 种革命性技术之一[10]。党的十六大指出"信息化带动工业化"，党的十七大提出"信息化与工业化融合"，党的十八大强调"信息化与工业化深度融合"，党的十九大进一步提出"加快建设制造强国，加快发展先进制造业，推动互联网、大数据、人工智能和实体经济深度融合"，持续推进信息技术改造提升传统产业。党的十八届五中全会提出了"创新、协调、绿色、开放和共享发展"理念。2016 年政府工作报告中也明确指出"经济发展必然会有新旧动能迭代更替的过程"，流程工业的发展正处于这样一个关键时期，要"运用信息网络等现代技术，推动生产、管理和营销模式变革，重塑产业链、供应链、价值链，改造提升传统动能，使之焕发新的生机与活力"，"深入推进'中国制造+互联网'，建设若干国家级制造业创新平台，实施一批智能制造示范项目"。从全球产业发展大趋势来看，发达国家正利用在信息技术领域的领先优势，加快制造工业智能化的进程。如美国宣布实施"先进制造业伙伴"（advanced manufacturing partnership，AMP）计划和"智能过程制造"（smart process manufacturing，SPM）计划，德国针对离散制造业提出了"工业 4.0"战略，英国宣布"英国工业 2050 战略"，日本和韩国先后提出"i-Japan 战略"和"制造业创新 3.0 战略"等。

　　智能制造已成为公认的提升制造业整体竞争力的核心高技术。与离散制造业不同，流程工业存在显著特点：流程工业是以初级原材料为主产品，原料进入生产线的不同装备，通过物理化学反应在信息流与能源流的作用下，经过物质流变化形成合格的产品；工艺和产品较固定，产品不能单件计量，产品加工过程不能分割，生产线的某一工序产品加工出现问题，会影响生产线的最终产品，产品与产品加工过程难以数字化。而离散工业为物理加工过程，产品可单件计数，以需求驱动生产，产品加工过程可分割，制造过程易数字化。在各国的智能制造战略中，最典型的是"工业 4.0"，强调个性化需求和柔性制造，即通过智能制造实现个性化定制，适用于产品加工过程可以数字化的离散工业。流程工业的物理系统是由重大装备组成的生产过程，该运行过程耦合性强，难以建模，难以数字化，系统全局最优不能以各单元或工序的最优简单加和；同时我国流程工业原料来源受制于国内外市场供给，原料复杂、生产工况波动大，生产过程的工艺参数需要根据工况随时重新设定。可以看出，以"工业 4.0"为代表的离散工业智能制造模式不适用于我国流程工业。实现我国流程工业高效化和绿色化，必须自主创新适合我国流程工业的智能制造模式。我国流程工业企业必须认识新常态，适应新常态，必须将原来的粗放型、外延式发展变为集约式、内涵式发展模式，通过技术创新和服务增加企业价值。

1.2.4　信息领域新技术对流程工业智能制造的技术支撑

近十年，信息领域的技术变革日新月异，出现了一大批新技术，部分技术已逐步成熟。

（1）工业大数据。工业大数据是指在工业领域生产、经营、管理、销售和信息化应用中所产生的大数据，具有数据量大、数据类型复杂、数据处理实时性要求高等特点。工业大数据技术可以推动大数据在工业研发设计、生产制造、经营管理、市场营销、售后服务等产品全生命周期、产业链全流程各环节的应用，分析感知用户需求，提升产品附加价值，打造智能工厂，推动制造模式变革和工业转型升级。

（2）工业云。工业云是一种新型的网络化制造服务模式，融合先进制造技术和互联网、云计算、物联网、大数据等信息技术，以公共服务平台为载体，通过虚拟化、服务化和协同化汇聚分布、异构的制造资源和制造能力，在制造全生命周期各个阶段根据用户需求提供优质、及时、低成本的服务，实现制造需求和社会化制造资源的高质高效对接。

（3）物联网。物联网是指通过各种信息传感设备，实时采集任何需要监控、连接、互动的物体或过程等各种需要的信息，与互联网结合形成的一个巨大网络。物联网主要运用传感器技术、无线射频识别（radio frequency identification，RFID）技术、标签和嵌入式系统技术等，通过物联网可以用中心计算机对机器、设备、人员进行集中管理、控制等。

（4）工业互联网。工业互联网是工业企业生产链、供应链与高级计算、分析、感知技术及互联网连接融合的结果。它通过智能机器间的连接并最终将人机连接，结合软件和大数据分析，重构工业企业价值链，激发生产力，提高效能。

（5）虚拟制造技术。虚拟制造是实际制造过程在计算机上的本质实现，即采用计算机仿真与虚拟现实技术，在计算机上群组协同工作，实现产品的设计、工艺规划、加工制造、性能分析、质量检验，以及企业各级过程的管理与控制等产品制造的本质过程，以增强制造过程各级决策与控制能力。

（6）知识自动化。知识自动化是人的智能型工作的自动化，是采用机器实现人的智能型工作，实现流程工业中基于工艺机理知识、数据知识、经验知识自动处理的建模、控制、优化及调度决策的自动化系统理论、方法和实现技术。

（7）工业认知网络。工业认知网络是我国学者在工业互联网基础上提出的。工业认知网络是面向流程工业智慧企业全流程智能优化的需求，支持信息空间构建，具有自感知、自计算、自调节、自组织和自执行等功能，支持流程工业跨层次、跨领域知识自动化的新一代自动化系统，是对 CPS 的知识化提升。

工业大数据、工业云、物联网、工业互联网、虚拟制造、知识自动化和工业认知网络等新思想与新技术的出现，为流程工业智能制造提供了良好的技术支撑。我国流程工业企业必须运用现代信息技术，通过两化深度融合提升制造水平和管理水平。

1.3　流程工业智能优化制造的愿景

本书结合我国流程工业的特点和瓶颈问题，结合《国家中长期科学与技术发展规划纲要》《中国制造 2025》，为使我国由流程工业制造大国变为制造强国，提出流程工业智能制造应当采用智能优化制造新模式。

流程工业智能优化制造的愿景目标是在已有的流程工业物理制造系统的基础上，充分融合大数据和挖掘人的知识，通过云计算、新一代（移动）网络通信和人机交互的知识自动化技术，构建智慧型制造执行系统，实现企业"产、供、销、管、控"的智慧决策和集成优化，提升企业在资源利用、能源管理、生产加工和安全环保等方面的技术水平，达到管理决策和生产制造的高效化和绿色化。高效化主要体现在紧凑和柔性的工艺流程结构，高性能、高附加值产品的生产能力，原料消耗低；绿色化主要体现在工艺流程和生产过程的本质安全、低故障，多介质能源结构合理、资源能源循环利用、能耗低，污染物近零排放、对环境的影响小。

1. 流程工业智能优化制造系统架构

目前，工业过程普遍采用的综合自动化系统架构如图 1.1 所示，由企业资源计划、制造执行系统和过程控制系统（process control system，PCS）三层结构组成。虽然大部分企业都部署了三层结构系统或者 MES 和 PCS 两层结构系统，但是其主要实现信息集成和管理功能。企业目标、资源计划、调度、运行指标、生产指令与控制指令的决策处于人工经验决策的状态，并且 ERP、MES 和 PCS 无法实现无缝集成。

图 1.1　工业过程综合自动化系统架构

未来流程工业智能优化制造要实现高效化和绿色化，实现生产工艺优化和生产全流程的整体优化，在系统架构方面要进行变革，实现如图 1.2 所示的四大系统和一个平台，即智能运行优化控制系统、智能优化决策系统、智能安全运行监控系统和虚拟企业系统，以及工业大数据管理云平台。

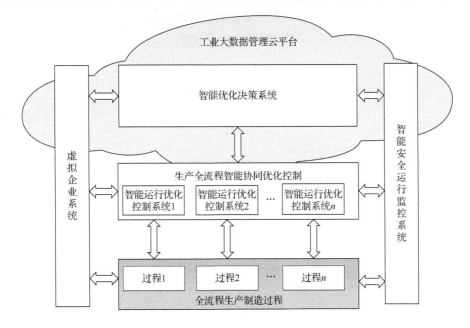

图 1.2　流程工业智能优化制造系统架构

智能优化制造系统不仅要实现企业目标、资源计划、调度、运行指标、生产指令与控制指令集成优化，而且要实现远程、移动与可视化监控与决策，最终达到尽可能提高生产效率与产品质量，尽可能降低能耗与物耗，实现生产过程环境足迹最小化，确保环境友好地可持续发展的目标。

2. 工业运行过程问题与愿景

如图 1.3 所示，人工操作运行控制系统中涉及的回路控制、回路设定值决策、运行指标目标值范围决策及异常运行工况诊断与处理均由知识工作者凭经验完成。因此，工业过程往往处于非优化运行状态，甚至常常出现异常工况，难以实现安全优化运行。

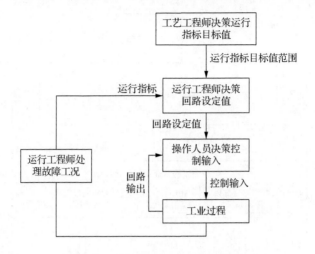

图 1.3　人工操作运行控制结构图

如图 1.4 所示，人机合作运行控制系统中工艺工程师根据全流程生产线的综合生产指标和当前的生产条件凭经验知识决策运行指标目标值范围，运行工程师靠观测运行工况和相关的运行数据凭经验判断与处理异常工况。上述操作只是针对单一工序进行的，难以实现与其他工序控制系统的协同优化，难以实现综合生产指标的优化，难以决策出优化运行指标目标值。当生产条件与运行工况发生变化时，难以及时准确地预测、判断与处理异常工况。

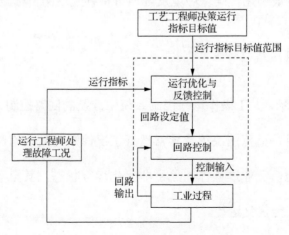

图 1.4　人机合作运行控制系统结构图

工业过程运行愿景就是要实现智能优化控制，如图1.5所示。智能优化控制系统能够智能感知生产条件变化，自适应决策控制回路设定值，使回路控制层的输出跟踪设定值，实现运行指标的优化控制。同时对运行工况进行实时可视化监控，及时预测与诊断异常工况。当异常工况出现时，通过自愈控制排除异常工况，实现安全优化运行。

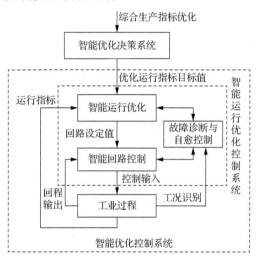

图 1.5　智能优化控制系统结构图

3. 工业过程决策问题与愿景

目前工业过程决策系统组成与结构如图1.6左图所示，由经营决策系统、资源计划系统、制造执行系统、供应链系统和能源管理系统组成。其问题是现有的系统主要是实现经营决策和生产管理的信息化平台，主要的决策功能还依赖于知识工作者的经验知识。

工业过程决策愿景就是要实现智能优化决策。智能优化决策系统能够自动获取市场需求变化和资源属性等方面的数据和信息，智能感知物质流、能源流和信息流的状况，自主学习和主动响应，自适应优化决策，优化配置资源和合理配置与循环利用能源。

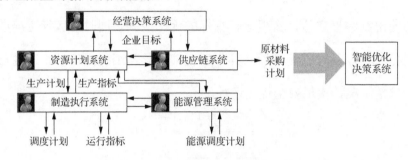

图1.6　工业过程决策系统与愿景

4. 生产工艺优化研究问题与愿景

目前生产工艺优化研究除了实际工艺理论和小型试验之外，在实际生产中主要依赖生产现场的实际生产经验。生产工艺优化愿景是在未来能够建立由虚拟生产过程和工业云组成的生产工艺优化系统，实现物质流、能源流与信息流相互作用的可视化的工艺试验研究，如图1.7所示。

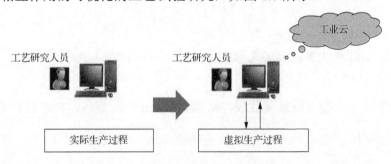

图1.7　生产工艺优化研究问题与愿景

5. 流程工业智能优化制造的最终实现

智能优化制造是以企业全局及生产经营全过程的高效化与绿色化为目

标，以生产工艺智能优化和生产全流程整体智能优化为特征的制造模式。

流程工业高效化是指在市场和原料变化的情况下，实现产品质量、产量、成本和消耗等生产指标的优化控制，实现生产全流程安全可靠运行，从而生产出高性能、高附加值产品，使企业利润最大化。绿色化是指能源与资源高效利用，使能源与资源的消耗尽可能少，污染物实现零排放、环境绿色化。

高效化和绿色化的关键是生产工艺优化和生产全流程的整体优化。采用生产工艺优化来优化已有的生产工艺和生产流程，为实现生产全流程的高效化与绿色化打下基础。主要目的是产生生产高性能、高附加值产品的先进生产工艺。生产全流程整体优化是在全球化市场需求和原料变化时，以高效化与绿色化为目标，使得原材料的采购、经营决策、计划调度、工艺参数选择、生产全流程控制实现无缝集成优化，最终实现企业全局优化运行。

1.4　工业大数据和制造流程知识自动化不可替代的作用

1.4.1　大数据技术和应用研究的意义

粗略地讲，大数据是指在可容忍的时间内无法用现有的信息技术和软硬件工具对其进行传输、存储、处理、分析、计算与应用等的数据集合。与传统意义上的数据概念相比，大数据具有如下几个显著特征：

（1）数据规模（volume）不断扩大，数据量从 GB（10^9）、TB（10^{12}）再到 PB（10^{15}），甚至已经开始以 EB（10^{18}）和 ZB（10^{24}）来计算。

（2）数据类型（variety）繁多，包括结构化、半结构化和非结构化数据，甚至包括非完整和错误数据。现代互联网上半结构化和非结构化数据所占比例已达 95%以上。

（3）产生和增长速度（velocity）快。互联网数据中心的研究报告称，到 2020 年全球的数据获取能力将增加 50 倍，用于数据存储的服务器将增加 10 倍。当今世界，各种数据采集和存储设备每时每刻都在获取和存储大量新的数据。这些数据有时以高密度流的形式快速演变，具有很强的时效性，只有快速适时处理才可有效利用。

（4）数据价值（value）大，且可整合与多次利用。对某一特定的、仅需少量数据的应用而言，大数据呈现出价值密度低的特点，但对众多潜在的应用而言，大数据整体往往蕴藏着巨大的价值。

大数据时代的到来，撼动了世界的方方面面，从商业、科技、医疗到政府、教育及社会的其他各个领域。大数据技术和应用一方面给社会、经济和科技的发展带来了重要机遇，另一方面也对数据获取、存储、传输计算及应用提出了全新的挑战。开展大数据技术与应用研究，是时代发展的必然要求，具有无可估量的社会经济价值和巨大的科学意义。

开展大数据技术与应用研究的意义可概括为如下三个方面。

（1）大数据已渗透到每一个行业和业务职能领域，成为继物质和人力资源之后的另一种重要资源，将在社会经济发展过程中发挥不可替代的作用。大数据将逐渐成为现代社会基础设施的重要组成部分，就像公路、铁路、港口、水电和通信网络一样不可或缺。资源、环境、经济、医疗卫生和国防建设等各种各样的大数据已经和物质资源、人力资源一样成为一个国家的重要战略资源，直接影响着国家和社会的安全、稳定与发展。大数据时代国家层面的竞争力将部分地体现为一个国家拥有的数据规模、活性及解译和运用数据的能力。目前，世界各发达国家已相继推出发展大数据技术和应用的计划，并将大数据定位为国家发展战略。2012 年 3 月美国发布《大数据研究和发展倡议》，旨在利用大量复杂数据获取知识和提升洞见能力。2012 年 7 月，日本推出新 ICT 战略研究计划，重点关注大数据应用，旨在提升日本竞争力。发达国家大量成功的案例表明，开展大数据技术与应用研究对提高国家竞争力和创新能力具有重要的战略意义。

（2）大数据的出现将部分地使科学实验从过去的假设和实验驱动型转化为数据驱动型，从而将为科学技术的发展开辟一条新的途径。有相当数量的科研活动是按两条途径展开的：①假设事物各组成部分及其相互关系遵从某些规律，然后通过实验或数理逻辑的方法得到该事物的整体规律；②假设所研究的事物集合具有某种同质性且各事物在行为演化过程中互不影响（对应统计学上的独立同分布），随机地选择该集合中的少量事物进行观测并获取相关数据，然后进行数据处理和分析，进而得出该事物集合整体上所遵循的统计规律。第一条途径在没有已知规律可循或事物各组成部分之间的关系过于复杂而难于建立模型时失效；第二条途径在独立同分布假设不成立或采样的随机性得不到保证时失效，需要说明的是有相当多的事物（如人口普查）集合不满足独立同分布假设，且很难做到随机采样。一旦采样过程中存在任何偏见，分析结果就会相去甚远。继第三种科研范式——"计算机模拟仿真"之后，已故图灵奖得主吉姆·格雷（Jim Gray）在 2007 年的最后一次演讲中将基于数据密集型的科学研究描绘为"第四范式"，并指出面对各种最棘手的全球性挑战，在传统的理论方法因过于复杂而难以解决这些问题时，数据驱动的"第四范式"可能是最有希望解决这些难题的方法。

目前，各学科的发展已越来越离不开数据。除传统的模式识别、数据挖掘和机器学习外，基于数据的建模、反演、决策与控制等已逐渐成为新的研究领域。大数据正在部分地改变着现有的科研模式，也在逐渐地改变着人们的思维模式。因此，面向复杂对象开展大数据处理方法及其应用研究具有重要的科学意义。

（3）大数据及相关处理技术可转化为巨大的社会经济价值，被誉为"未来新石油"。美国、英国等发达国家在大数据应用方面已有许多成功的案例，例如：利用医疗卫生数据监视医疗体制的运行状况和民众健康的变化趋势，评估不同的医疗技术和治疗方案,并帮助政府选择和制定恰当的医疗改革方案;利用能源数据推动各相关部门实行节能减排方案;利用交通运输数据疏解交通拥堵;利用网络数据提供信息服务,分析舆情和保障国家安全等。据麦肯锡全球研究所预测,仅医疗卫生一个行业,有效的数据处理和利用每年可创造 3000 亿美元的经济价值。

大数据已被广泛地认为是创造新价值的利器和引领下一轮经济增长的助推剂。开展大数据技术与应用研究具有巨大的经济价值和社会意义。

本书所涉及的大数据是工业大数据。复杂工业过程控制、全流程运行监控与运行管理产生大数据,企业运作管理与生产管理与决策产生大数据,工艺研究实验产生大数据。工业大数据的特征是:数据容量大、采样率高、采样时间段长(历史正常、历史故障、实时);数据类型多,如过程变量(控制量、被控量、质量指标)、声音图像、管理及运行指标数据;处理速度快,如对过程运行工况及质量指标实时控制与优化。大数据的出现使自动化科学与技术的研究从过去的假设驱动型转为数据驱动型,从而为制造流程知识自动化和智能制造的研究开辟了一条新的途径。

1.4.2 制造流程知识自动化研究的意义

制造流程知识自动化指流程工业生产过程的企业资源计划、生产制造、全流程控制与安全运行监控中的知识型工作自动化。正如文献[10]指出的,知识型工作是对知识的利用和创造，是具备知识才能完成的工作，或者有知识的人或系统完成的工作，是生产有用信息和知识的创造性脑力劳动。从事知识型工作的人是知识型工作者（如专业技术人员、咨询人员、技师、科学家、管理者、分析师等），知识型工作者依靠知识和信息创造价值，有能力运用自己的智能不断创造新的价值和创造新的知识。知识型工作在当代社会分工中占有压倒性的重要地位，其核心要求是完成复杂分析、精确判断和创新决策的任务。知识自动化主要是指知识型工作的自动化。

在现代企业生产过程中，通过生产分工和自动化技术，体力型工作已经基本上被机器所替代。得益于计算技术、以机器学习为代表的人工智能技术、自然的用户接口和自动化技术的发展，很多知识型工作将来也可以通过自动化技术由机器来完成，从而实现知识自动化。

2009 年，美国 Palo Alto 研究中心讨论了关于"知识型工作的未来"，指出知识型工作自动化将成为工业自动化革命后的又一次革命。2013 年 5 月，著名的麦肯锡全球研究院在其发布的名为《展望 2025：决定未来经济的 12 大颠覆技术》的报告中将知识型工作自动化（automation of knowledge work）列为第 2 顺位的颠覆技术[11]，并预估其 2025 年的经济影响力大约在 5.267 亿美元。知识型工作自动化是通过机器对知识的传播、获取、分析、影响、产生等进行处理，最终由机器实现并承担长期以来被认为只有人才能够完成的工作，即将现在认为只有人能完成的工作实现自动化[12,13]。

2015 年 11 月，麦肯锡全球研究院非正式地发布了知识自动化技术对于职业、公司机构和未来工作的潜在影响的研究结果。麦肯锡全球研究院对将近 800 人的 2000 种技能工作进行了"可自动化性"评定，发现将近 45% 的工作能够通过使用当前已有的科学技术自动化，超过 20%的首席执行官（chief executive officer，CEO）工作也是可以实现知识自动化的。通过对知识自动化在一些产业中转变业务流程的潜力进行分析，发现收益通常是成本的 3～10 倍。

知识自动化不仅将计算拓展到新的领域（如具有学习和基本判断的能力），并且可以使知识工作者和机器之间产生新的关系，比如极有可能像人与其合作者间那样实现人机之间的交互。

2016 年 1 月，谷歌机器学习小组 Deepmind 在 *Nature* 发文宣布其人工智能程序 AlphaGo 以 5：0 击败欧洲围棋冠军[14]，2016 年 3 月 AlphaGo 又以 4：1 战胜世界围棋冠军李世石，被认为是人工智能发展新的里程碑。下围棋具有复杂分析、精确判断和创新决策等典型的知识型工作要素，过去只有具备围棋素养的知识型工作者才能做好，AlphaGo 实际上是实现下围棋这一知识型工作的自动化，而且说明知识自动化系统在一定程度上可以比人做得更加出色。AlphaGo 的成功及其引起的巨大社会影响，事实上具有三重含义：一是知识自动化在技术愿景上的可能性；二是人们对于知识自动化的潜在渴望；三是知识自动化本身具有颠覆性的科学和经济意义。

知识型工作在工业企业运行中起核心作用，如工业生产中的决策、计划、调度、管理和操作都是知识型工作[15]，完成这些工作需要统筹考虑各种生产经营和运行操作要素，关联多领域多层次知识。在流程工业的运行优化层，由于难以建立精确数学模型，操作参数选择设定及流程优化控制都依赖工程师凭经验给定控制指令。工程师的知识型工作包括分析过程机理、判断工况状态、综合计算能效、完成操作决策等。在计划调度层，需要统筹考虑人、机、物、能源各种生产要素及其时间空间分布和关联等，调度员通过人工调度流程协调各层级部门之间的生产计划，完成能源资源配置、生产进度、仓储物流、工作排班、设备管理等知识型工作。在管理决策层，决策过程涉及企业内部的生产状况、外部市场环境以及相关法规政策标准，管理决策者根据一系列经营管理知识进行决策。现代工业中机器已经基本取代体力劳动，工业生产管理、运行和控制的核心是知识型工作，离不开具有高水平的知识型工作者进行分析、判断和决策，目前在各个层面都要依靠知识型工作者来完成工业的生产。

以生产调度决策过程为例，工业调度过程复杂，涉及的知识非常多，包括能源管理、资源配置、工艺指标、运行安全、设备状况、产品性能质量等方方面面。企业级计划部门首先制定企业全局生产计划，主要是根据产品规格、工艺技术、资源分配、政策法规、设备管理等经营管理知识以及生产执行的反馈信息来制定。制定的生产计划下达到设备部、能源部、采购部等各个部门，然后生产总调度根据上述各部门信息进行综合决策，给出生产调度方案，之后下达到各个生产职能部门，各个部门经反复协调和完善后交付生产部门执行。生产调度实质上是生产总调度长把产品产量、质量、能耗等生产目标与各部门相关知识进行关联、融合、重组、求解的过程，是一个知识深度融合和交互的过程。流程工业生产调度决策过程如图 1.8 所示。

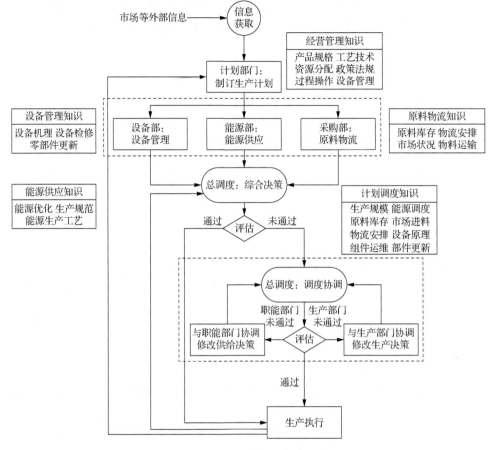

图 1.8　流程工业生产调度决策过程

先进企业中往往拥有一批高水平的知识型工作者，他们充分利用现有信息化系统，使企业的部分经济技术指标领先或达到国际先进水平。比如，镇海炼化是我国最大的原油加工基地，居世界炼厂第 15 位，具有中石化顶级的计划排产专家，注重经验知识在计划优化中的应用，竞争能力居亚太地区一流；山东魏桥拥有世界上最大、工艺技术最先进的 600 kA 电解铝系列，该系列自 2014 年 12 月启动以来，电解槽操作员根据电解生产知识，经过精细化操作，目前系列电流效率稳定在 94%，吨铝直流电耗 12808 kW·h（同比国外

AP600 实验槽吨铝直流电耗 13300 kW·h）；鞍钢矿业是我国掌控铁矿石资源最多、产量规模最大的冶金矿山龙头企业，选矿技术及产品质量达到世界领先水平，形成了低成本的运行模式，铁精矿完全成本保持在 530 元/吨左右，远低于进口矿价格。这些先进企业成功的一个重要因素是具有一批经验丰富的知识型工作者，并将这些知识型工作者的经验知识功能最大化，从而使得这些企业能够在行业占据领先地位。各工业企业间知识型工作者存在的经验和知识水平差异最终成为生产运行水平参差不齐的重要原因。

工业企业现在需要面对市场需求、资源供应、环保排放等诸多因素的综合挑战，工况变化更加复杂，加上现代工业具有生产规模增加和产能集中的显著趋势，对复杂分析、精确判断、创新决策等知识型工作的要求也越来越严苛。同时，目前已经进入工业化和信息化深度融合的时代，云平台、移动计算、物联网、大数据的出现使得工业环境中数据种类和规模迅速增加，以往依赖于经验和少量关键指标进行决策分析的知识型工作者面对海量信息已经感到力不从心。而且，过去的人工决策方式严重依赖个别高水平知识型工作者，操作决策具有主观性和不一致性，应对变化的反应不够敏捷，知识经验的学习、积累和传承也比较困难。因此工业生产过程中的知识型工作正面临新的挑战，只依赖知识型工作者是无法实现工业跨越式发展的。摆脱对知识型工作者的传统依赖，实现具有智能的知识自动化系统是工业生产高效化、绿色化发展的核心。

1.4.3　工业大数据与制造流程知识自动化在流程工业智能制造新模式中不可替代的作用

大数据与制造流程知识自动化所针对的对象是流程工业。流程工业是制造业的重要组成部分，它不仅为机械、航空航天、军工、建筑等行业提供原材料，而且也为国民经济提供电力、汽油等重要能源。

经过几十年发展，我国已经基本形成结构优化、资源节约、清洁安全、质量效益好的现代流程工业体系。但是我国流程工业的发展也受到资源紧缺、能源消耗大、环境污染严重的制约。

本书所提出的高效化和绿色化是我国流程工业发展的必然方向。高效化的目标是在市场和原料变化的情况下，实现以产品质量、产量、成本和消耗等综合生产指标优化为目标的智能优化控制，实现流程工业生产过程全流程的安全可靠运行，从而使得我国流程工业生产出高性能、高附加值的产品，最终实现企业利润最大化。绿色化就是实现能源与资源的高效利用，使能源与资源的消耗尽可能少，生产过程的污染物实现零排放和环境绿色化。

正如文献[16]指出的，智能制造已成为公认的提升制造业整体竞争力的核心高技术。智能制造的发展趋势如图 1.9 所示，图中的 3C 技术是指现代计算机技术、通信技术和控制技术[17]。

蒸汽机和基于机械技术的反馈调速器的出现引发了第一次工业革命，电力成为动力和基于电气技术的控制系统的出现引发了第二次工业革命，可编程逻辑控制器（PLC）和集散控制系统（DCS）的出现引发了第三次工业革命。从这三次工业革命中我们可以看到，高效的新能源动力和信息技术的发展是改变工业生产模式、提升其竞争力的关键。

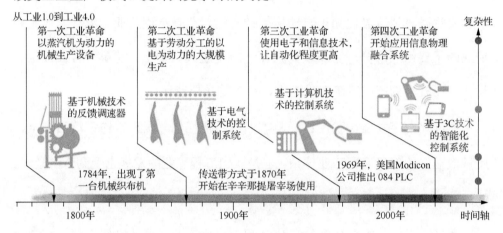

图 1.9　智能制造的发展趋势

德国"工业 4.0"[17-19]预见 CPS 的出现将会引起第四次工业革命。CPS 的含义是实现计算资源与物理资源紧密融合与协同，且其将在适应性、自治、效率、功能、可靠性、安全性和可用性方面远远超过今天的系统[20]。"工业 4.0"将 CPS 和嵌入式互联网技术应用于机械制造，研制智能技术系统来实现个性化定制的高效化，其智能制造的愿景是：

（1）生产资源形成一个循环网络，生产资源具有自主性、可调节性、可配置等特点；

（2）产品具有独特的可识别性；

（3）根据整个价值链，能够自组织集成化的生产设施；

（4）根据当前条件，自主灵活地制定优化的生产工艺。

智能制造只有与制造业的特点与目标密切结合，将大数据、知识型工作自动化、人工智能、移动互联网、移动计算、建模、控制与优化等信息技术与制造过程的物理资源紧密融合与协同，研发实现智能制造目标的各种新功能，才可能使制造业实现跨越式发展。以生产原材料为代表的流程工业和以制造机械装备为代表的离散工业是工业生产的两种主要类型。机械制造工业是典型的离散工业，其制造过程如图 1.10 所示。

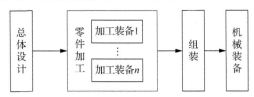

图 1.10　离散工业制造过程

机械装备的零件加工与组装是物理过程，产品与加工过程可以数字化，机械装备的性能取决于总体设计的优化。因此，计算机集成制造技术可以实现单一产品的自动化和高效化，其难点在于个性定制的自动化和高效化，而解决这一难题的关键技术是智能制造技术。

流程工业与离散工业具有完全不同的特点，其生产过程结构如图 1.11 所示。

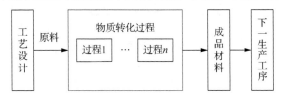

图 1.11　流程工业制造过程

上述将原料加工成为成品材料的流程工业过程的本质是物质转化过程，它是包含物理化学反应的气液固多相共存的连续化复杂过程。由于我国的原料成分波动、外界随机干扰，物质转化过程变得更加复杂，其机理也难以清晰刻画。因此，原材料、成品材料和物质转化过程难以数字化。

实现流程工业高效化和绿色化的关键是生产工艺优化和生产全流程的整体优化。我国虽然资源丰富，但资源的成分复杂，特别是矿产资源品位低，生产工况波动大，使生产工艺优化和生产全流程整体优化更加困难。

工业过程控制系统是实现生产全流程整体智能优化的基础。工业过程是由一个或多个工业装备组成的生产工序，其功能是将进入的原料加工成为下道工序所需要的半成品材料，多个生产工序构成了全流程生产线。因此，工业过程控制系统的功能不仅要求回路控制层的输出很好地跟踪控制回路设定值，使反映该加工过程的运行指标（即表征加工半成品材料的质量和效率、资源消耗和加工成本的工艺参数）在目标值范围内，使反映加工半成品材料的质量和效率的运行指标尽可能高，使反映资源消耗和加工成本的运行指标尽可能低，而且要按生产制造全流程优化控制系统的指令与其他工序的过程控制系统实现协同优化，从而实现全流程生产线的综合生产指标（产品质量、产量、消耗、成本、排放）的优化控制。因此，工业过程控制系统的最终目标是实现全流程生产线综合生产指标的优化。从这个角度来考虑过程控制系统设计，其被控过程是多尺度、多变量、强非线性、不确定性、难以建立数学模型的复杂过程，难以采用已有的控制与优化理论和技术。因此，目前的复杂工业过程运行控制由知识型工作者来完成。

对于可以建立数学模型的工业过程如石化工业等和可以掌握运行规律的

某些钢铁、有色冶金等过程，可以采用以比例积分微分（proportional integral derivative，PID）控制器为主的工业控制技术实现回路控制，采用实时优化、模型预测和智能运行反馈控制技术实现回路设定值的自动决策。但是，运行指标目标值范围的决策依赖于工艺工程师，其根据全流程生产线的综合生产指标和当前的生产条件凭经验知识决策运行指标目标值范围。运行过程的异常工况判别和处理仍然依靠运行工程师凭经验知识处理。上述人工凭经验进行操作难以实现工序之间的控制系统的协同优化，因此难以实现企业产品质量、产量、成本、消耗等综合生产指标的优化，进而难以决策出优化的运行指标目标值。生产现场的运行工程师靠人工观测生产过程的运行工况和相关的运行数据，凭积累的经验来判断与处理异常工况。当生产条件与运行工况发生变化时，难以及时准确地预测、判断与处理异常工况。

目前国际上的供应链系统、企业资源计划系统和制造执行系统只是从事经营决策和生产管理的知识工作者的信息化平台。整个企业运行是人、机、物三元空间融合的复杂系统。经营计划、生产计划与调度、控制系统的指令还是靠知识工作者来决策，无法动态响应原料、市场、库存及工况的变化。生产工艺实验研究还是靠在工业生产现场的工业实验进行，优化生产工艺工作还是靠工艺研究人员的经验与积累的知识来完成，难以产生优化的生产工艺。

生产工艺优化和生产全流程整体优化涉及多尺度、多变量、强非线性、不确定性、机理不清难以建立数学模型、随机不可测干扰、关键工艺参数与生产指标不能实时检测等综合复杂过程的建模、控制及多冲突目标动态优化问题，这是国际学术界尚未解决的科学难题。

只有实现以企业全局及生产经营全过程的高效化与绿色化为目标的生产工艺智能优化和生产全流程整体智能优化控制，才能实现我国原材料工业的高效化与绿色化，使我国成为原材料工业制造强国。

1.5 流程工业智能优化制造的关键共性技术、科学问题、发展目标与重点任务

1.5.1 关键共性技术和科学问题

将工业大数据、知识型工作自动化、人工智能、控制、通信和计算机技术与流程工业的物理资源紧密融合与协同，攻克下面四项关键共性技术，才有可能形成适合不同流程工业特点的生产工艺智能优化技术和生产全流程整体智能优化控制技术：

（1）攻克具有综合复杂性的工业过程智能优化控制技术、以实现综合生产指标优化控制为目标的生产全流程智能协同优化控制技术，研制智能协同优化控制系统；

（2）攻克人、机、物三元空间融合系统的智能建模、动态性能分析、关键工艺参数与生产指标的预测、多目标动态优化决策技术，研制智能优化决

策系统；

（3）攻克大数据与感知驱动的生产全流程运行故障预测技术，研制智能安全运行监控系统；

（4）攻克大数据与知识驱动的生产过程信息流、物质流、能源流交互作用的动态建模、仿真与可视化技术，研制用于流程工业控制、决策和工艺研究仿真实验的虚拟企业系统。

攻克上述关键共性技术必须解决涉及自动化科学与技术、通信和计算机科学与技术及数据科学的挑战性科学问题。

涉及自动化科学与技术的挑战性科学问题：

（1）工业过程智能优化控制系统理论与技术；

（2）大数据与知识相结合的生产全流程智能协同优化控制技术；

（3）大数据驱动的复杂工业过程运行动态性能的智能建模与可视化；

（4）数据与知识相结合的流程工业经营与生产管理多目标动态智能优化决策。

涉及通信和计算机科学与技术的挑战性科学问题：

（1）基于互联网的工业装备嵌入式计算机控制系统；

（2）工业云、工业互联网、嵌入式计算机驱动的新一代工业过程计算机控制系统；

（3）工业环境中的虚拟化协同无线网络环境与智能优化制造信息网络系统；

（4）实现生产工艺智能优化和生产全流程整体智能优化控制的软件平台。

涉及数据科学的挑战性科学问题：

（1）如何从价值密度低的大数据中挖掘相关关系数据；

（2）如何处理数据、文本、图像等非结构化信息；

（3）如何利用相关关系建立复杂动态系统的模型。

1.5.2　发展目标和重点任务

围绕上述关键共性技术及涉及的关键科学问题开展研究，应围绕实现流程工业智能优化制造的目标。应将大数据、知识型工作自动化、人工智能、控制、通信、计算机与流程工业的领域知识深度融合与协同，开展多学科协同创新研究。应将解决上述科学问题的基础与前沿研究同攻克上述关键共性技术和企业的智能制造示范工程密切结合，才有可能使我国的流程工业智能优化制造研究处于国际领先水平。

大数据与制造流程知识自动化领域的研究发展目标。

（1）使工业过程控制系统成为智能运行优化控制系统。其功能是：智能感知生产条件变化，自适应决策控制回路设定值，使回路控制层的输出跟踪设定值，实现运行指标的优化控制；对运行工况进行实时可视化监控，及时预测与诊断异常工况，当异常工况出现时，通过自愈控制排除异常工况，实现安全优化运行。

（2）使工业过程的管理与决策系统成为智能优化决策系统。其功能是：自动获取市场需求变化和资源属性等方面的数据和信息，智能感知物质流、能源流和信息流的状况；自主学习和主动响应，自适应优化决策，优化配置资源和合理配置与循环利用能源，并给出以综合生产指标优化为目标的运行优化指标目标值。

（3）使生产企业由企业资源计划、制造执行系统、过程控制系统组成的三层结构变为由智能优化决策系统、智能安全监控系统、虚拟制造和生产全流程智能协同优化控制系统组成的智能企业两层结构（图 1.2）。其功能是：远程、移动与可视化监控与决策；企业目标、资源计划、调度、运行指标、生产指令与控制指令集成优化；尽可能提高生产效率与产品质量，尽可能降低能耗与物耗，实现生产过程环境足迹最小化，确保环境友好地可持续发展。

（4）使工艺研究采用的实际生产实验变为虚拟生产过程实验，研究人员可实时观测到生产过程的物质流、能源流与信息流相互作用，从而研究出最优生产工艺。

大数据与制造流程知识自动化领域的重点研究任务：

（1）大数据与知识驱动的生产全流程智能协同优化控制系统理论与关键技术；

（2）大数据与知识工作自动化驱动的多目标智能优化决策系统理论与关键技术；

（3）大数据与知识工作自动化驱动的生产全流程安全优化运行监控与动态性能评价理论与关键技术；

（4）大数据与知识工作自动化驱动的流程工业虚拟制造实验系统理论与关键技术；

（5）支撑大数据与知识自动化的新一代流程工业网络化智能管控系统。

第 2 章 大数据与知识自动化驱动的智能优化决策系统理论与关键技术

2.1 流程工业智能优化决策系统的内涵与发展态势

2.1.1 流程工业决策现状及智能优化决策系统的内涵

1. 流程工业生产管理与决策系统

随着信息技术的发展，流程工业过程的生产管理与决策、运行操作与控制大多采用 ERP/MES/PCS 三层结构。生产管理与决策层主要包括经营决策系统、企业资源计划系统、供应链系统、制造执行系统、能源管理系统等。经营决策系统现在完全依赖人，通过会议形式确定企业目标。

ERP 主要是根据企业经营决策的目标，来实现对物质流、资金流和信息流的管理（信息流是表征、资金流是目的、物质流是载体），决策输出生产控制（生产计划：产量、产品类型）、物流管理（分销、采购、库存管理）和财务管理（会计核算、财务管理）的优化配置结果，但目前各流程工业企业配置的 ERP 仅仅是一个信息化平台，真正的资源计划还是人在做。

供应链系统主要是根据企业目标完成生产计划（生产多少产品）、库存计划（原料、配件）、采购计划（原料和配件采购量、采购对象、采购价格）和销售计划（销售量、销售对象和销售价格）的物流配置预案。能源管理系统主要完成对有余热平衡利用回收的企业或可以选择供应不同类型能源的工艺过程的耗能过程监控；能源管理系统要决策出满足生产要求的低耗能源供应方案。MES 以生产计划为约束、生产成本为目标决策出面向生产进度（制造执行）的调度/排产计划，包括人力资源、能源、物流、设备维护、运输、中间库存的综合配置。

由于流程工业的特点和复杂性，在实际工业应用中上述信息化系统为知识型工作者做决策提供了一个信息化平台。目前流程工业企业的整个管理决策过程还是依赖人、依赖知识型工作者来进行。从生产制造全流程的控制、运行与管理角度来看，决策过程和决策内容如图 2.1 所示。

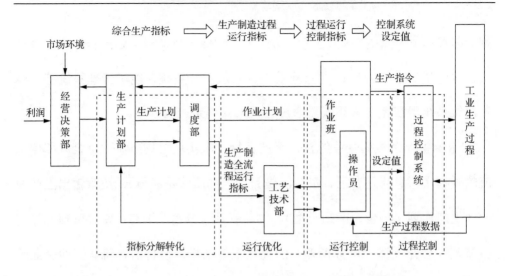

图 2.1　复杂工业过程生产制造全流程的控制、运行与管理流程图

生产计划部和调度部采用人工方式将企业的综合生产指标（反映企业最终产品的质量、产量、成本、消耗等相关的生产指标）从空间和时间两个尺度上转化为生产制造全流程的运行指标（反映整条生产线的中间产品在运行周期内的质量、效率、能耗、物耗等相关的生产指标）；工艺技术部的工程师将生产制造全流程的运行指标转化为过程运行控制指标（反映产品在生产设备加工过程中的质量、效率与消耗等相关变量）；作业班的运行工程师将运行控制指标转化为过程控制系统的设定值。当市场需求和生产要素条件发生变化时，上述部门根据生产装置特性，通过决策调整相应指标，从而将企业的综合生产指标控制在目标范围内。

因此，采用智能技术和 3C 技术能够实现过程自动控制，生产经营与管理也有相应的信息系统，但是流程工业企业目标、资源计划、调度、运行指标、生产指令与控制指令的决策仍然由相应的知识工作者凭经验在各信息系统平台上进行。

以炼油过程为例，信息化技术在炼油过程运行与管理中发挥着重要作用，特别是生产计划优化、流程模拟与优化、调度系统等，为炼油过程的生产运营提供了支撑和保障，但是当前也存在着"独立系统""信息孤岛""业务流程孤岛"等问题。

炼油企业早期主要依赖经验法，根据实际生产经验人为安排各种生产和加工方案，实际应用中无法取得满意的优化效果。目前有些企业引进了以线性规划为基础的软件，比如典型的美国 Aspen 公司的过程工业建模系统（process industry modeling system，PIMS）（中石化 2000 年开始引进并推广）。但 PIMS 使用线性规划模型，无法准确表述复杂生产装置的特性。此外，PIMS 不能进行质量和能量传递的模型计算，只适合应用于以月为最小周期的中长期计划和规划。

炼油过程生产调度有两种方式：一是由生产调度人员根据实际生产情况凭经验给出原油的生产配比和加工工艺路线；二是生产调度人员根据生产计划方案，利用信息化工具设定和调整生产装置的各种工艺参数，包括炼制过程的各种物料平衡、瓦斯平衡、水电气风平衡以及紧急事故的处理分析等。典型的 Aspen Orion 系统利用情景模式和交互式，通过模拟计算得出基于不同生产流程和不同调度计划的炼厂未来生产情况，可为调度人员预测短期内企业原料、中间产品、半成品及产成品的产、运、销平衡衔接情况，以及公用工程系统产销平衡情况，并可以关注调度排产指令的时序性和可行性。但 Orion 不具备生产方案全局优化功能，无法提供自动排产，需要生产调度人员手动制定工作方案，再利用 Orion 模拟进行方案比较。

以上生产运营子系统从不同角度解决了炼油生产运营的具体问题，但仅仅围绕单独项目、单独应用进行，缺乏数据共享和集成机制，各个子系统间往往不能进行有效的信息交互和共享，导致企业的"信息孤岛""业务流程孤岛"现象越来越严重。

随着时代发展，企业需要不断深入推进经济、环境、社会多目标的协调，基于多个系统的业务需求、多个系统间的数据传递需求、系统间的流程自动衔接需求等越来越多。炼油企业需要将各子系统全面综合集成，形成生产运营一体化优化运行体系。

2. 流程工业决策的现状和问题

流程工业系统是人、机、物高度融合的复杂系统，生产经营与管理决策不仅涉及企业内部的生产，而且涉及企业外部的生存环境、国家相关政策以及动态变化的市场环境。以图 1.8 所示的生产调度决策过程为例。首先由企业级计划部门制定生产计划，该计划的制定主要是根据产品规格、工艺技术、资源分配、政策法规、过程操作、设备管理等经营管理知识以及生产中的实际反馈信息来制定。制定的生产计划下达到设备管理、能源管理和采购等各个部门，生产总调度根据各部门具体信息进行综合决策，最后提出生产调度方案，下达到各个生产职能部门，经反复协调和完善后交付生产部门执行。生产调度实质上是一个知识深度融合和交互的过程。

从生产计划与调度一体化决策的要求来看，目前企业内部的信息系统及与外部相连的互联网络还不能够自动、全面、快速地感知企业内外部与生产经营相关的各种数据、信息和知识，还不能够快速处理多源异构大数据以及不同领域不同层次的关联知识，还不能够对生产行为和市场变化进行实时计算和预测，进而也不可能自动给出可供选择的、优良的生产经营决策集合。总而言之，企业的生产经营活动主要靠企业领导人凭自身的经验和知识进行决策。因此，当市场需求和生产要素条件发生频繁或剧烈变化时，以人工经验知识和作业流程支撑的部门难以及时准确地做出计划调度决策反应，导致生产效益下降、生产效率降低和产量、质量、能耗等指标恶化，从而无法实现企业综合生产效益的优化。显然，这种决策难以在复杂市场和生产环境下保证企业全局优化和效益最大化。

由于缺乏全面、准确和实时的生产要素数据获取能力，缺乏安全、可靠的数据传输、汇聚和融合技术，缺乏高效的数据分析、知识关联与推演等方法，尽管目前许多流程工业企业采用了各种先进的调度软件，但实际的生产计划和调度仍然依赖人工经验，随意性大且不够精确，常使企业综合生产指标偏离预定目标范围，造成产品质量差、生产成本高、资源消耗大等后果。调度系统与设备控制系统独立，需靠工程师凭经验协调调度与控制的矛盾，很难做到优化运行。

3. 系统内涵

流程工业智能决策系统的内涵是在外部市场动态需求、内部企业生产动态状况（设备能力、资源消耗、环保）等约束条件下，以尽可能提高产品质量与产量，尽可能降低能耗、物耗、成本指标为目标，采用虚拟仿真制造实现前馈决策，通过工业大数据实现反馈智能决策，人机交互动态优化决策反映质量、效率、成本、消耗、安全、环保等方面的企业全局指标和生产全流程指标，为生产制造全流程的协同控制提供优化方向和目标值。

流程工业智能决策系统的目的是以实现企业全局指标（企业最终产品的质量、效率、成本、消耗等相关的生产指标）的优化为目标，来决策企业的综合生产指标，作为智能协同优化控制系统的目标值。智能协同优化控制系统进而决策运行控制指标，最后转化为过程控制系统的设定值，过程控制系统跟踪设定值，从而实现企业的综合生产指标优化。企业全局综合生产指标优化以尽可能提高产品质量和效率指标、尽可能降低成本和消耗指标为优化目标，以市场需求、企业设备能力、企业资源约束等为约束条件，产生企业全局综合生产指标优化目标值。

4. 流程工业过程一体化决策困难的原因分析及面临的挑战

1）流程工业过程一体化决策困难的原因分析

流程工业决策过程与产品生产过程难以建立数学模型，难以数字化。由原料加工成为成品材料的物质转化过程是包含物理化学反应的气液固多相共存的连续化复杂过程。特别是原料成分波动、物质转化过程受到外界随机干扰，导致转化过程变得更加复杂，机理难以理清。

生产全流程整体优化决策涉及多尺度、多层次、多变量、强非线性、不确定性、难以建立数学模型的复杂过程的多冲突目标动态优化问题，这是国际学术界尚未解决的难题，缺乏一体化决策算法。

决策过程受知识和数据不完备与滞后的制约，调度、计划与优化控制缺乏有效的协同，生产运行和经营决策系统相对独立，更多依赖于知识工作者的经验，缺乏全局智能协同优化，无法实现全流程的集成优化。此外，我国矿产资源的成分复杂，特别是矿产资源品位低，生产工况波动大，使生产全流程一体化决策更加困难。

目前，我国流程工业信息化系统的 PCS/MES/ERP 三层体系结构各层次功能相对独立，难以实现各种终端的互联，一些信息交互不畅，忽略了不同生产过程之间及调度管理信息间的紧密联系，使大量的信息和知识得不到有效利用。供应链系统、ERP、MES 和能源管理系统本质上应该是通过 3C 技术与实体的有机融合，实现系统的实时感知、动态控制和信息服务，可使系统成为更加可靠、高效、实时协同运行的信息物理系统（CPS）。但实际上按 CPS 的定义，目前这些系统没有一个能够达到 CPS 的标准，由于缺乏一体化的决策算法，供应链系统、ERP、MES 和能源管理系统只是从事经营决策和生产管理的知识工作者的信息化平台，经营计划、生产计划与调度、控制系统的指令还是靠知识工作者来决策。

2）流程工业过程一体化决策面临的挑战

流程工业过程依靠知识工作者进行决策，因此不同的企业或者不同的知识工作者做出的决策的效果有时会有很大的差别，有的企业效果好，有的企业效果差，主要原因是做出决策的知识工作者知识经验和能力的差异。目前流程工业过程从决策、计划、执行到控制是隔离的金字塔式结构，如果按照 CPS 来讲，完成这些任务的系统都应该变成智能优化决策系统，决策应该是一体化的。分离的原因是决策是人来完成的。要实现一体化决策，系统应该是扁平化的结构。工业大数据技术、工业互联网技术和工业云的发展，为我国实现流程工业一体化决策打下了坚实的基础。

流程工业过程决策系统的最终目标是实现全流程一体化的整体优化决策，并以综合生产指标优化为目标来决策各个装置的运行优化控制指标目标值。从这个角度来考虑流程工业过程智能优化决策系统的设计，由于其被控过程具有多尺度、多变量、强非线性、不确定性、难以建立数学模型的复杂过程，难以采用已有的控制与优化理论和技术，因此，给自动化科学与技术带来了新的挑战。

目前，流程工业过程的信息系统的决策功能基本上是面向单一生产过程或单一功能的局部系统，无法及时充分地反映企业各层面的生产状况变化，也无法对企业的生产、技术和经营进行全局性的和高级的自动决策。流程工业企业目标、资源计划、调度、运行指标、生产指令与控制指令的决策处于凭经验人工决策的状态，即由知识型工作者来进行决策。流程工业过程积累了海量的生产数据，如何从数据中提取有关工艺机理、设备性能、生产运行与管理、经营决策等方面知识，如何通过知识的有效关联、优化重组及演化技术手段将大数据、知识与机理相结合，如何将知识工作者自动化、智能技术、控制与优化、计算机技术、通信技术与流程工业实体相结合，实现知识工作者+CPS 的多尺度、多目标动态优化决策的智能优化决策技术系统理论与方法，是流程工业过程一体化决策面临的挑战。

2.1.2　流程工业智能优化决策系统的现状与发展态势

1. 国内外研究现状分析

我国流程工业企业实施高效和绿色智能化生产的关键是实现生产制造全流程的整体优化控制，即在全球化市场需求和原料变化时，以自动化（优化控制、安全运行、高质产出）与绿色化（低能耗、低排放）为目标，使得原材料的采购、经营决策、计划调度、工艺参数选择、生产全流程控制等实现无缝集成和持续（闭环）优化，从而及时准确地调整相应的指标，使得企业的综合生产指标（产品的质量、产量、成本、能耗等相关指标）在合理的范围内达到最佳效应，进而保障企业的智能生产与运行。

制造执行系统（MES）是企业经营管理与生产控制的接合部，其核心是生产计划与调度自动化技术。MES 在重点流程工业企业（如钢铁、石化、部分选矿企业等）已基本普及，实现了生产计划编制、合同动态控制与跟踪、物流跟踪、质量监控、库存管理等功能。以宝钢、鞍钢、武钢等为代表的大型钢铁联合企业已逐渐推广设备状态监测和故障诊断技术，设备管理模式正逐步从单纯的计划维修方式向计划维修与预知维修相结合的方式转变。以冶金工业为背景的设备故障诊断技术在信号采集、数据传输、诊断方法与系统集成等方面都取得了很大的发展。

现阶段钢铁企业车间级 MES 已普及，但产线覆盖率及业务覆盖面有待提高。企业车间级制造执行管理、司磅称量管理、检化验管理基本实现信息化，但设备管理、安保管理的信息化还需加强。此外，能源管理系统作为钢铁企业优化资源配置、合理利用能源、改善环境的重要措施，国内半数以上钢铁企业也已相继建成。但从业务覆盖面上看，能源管理系统对业务的覆盖较薄弱。因此必须从全局高度对能源介质的生产、输配、存储和使用过程进行监视和控制，才能保证系统经济、安全、高效运行。随着信息、控制与数据等诸多技术的发展，如何与 ERP、产销一体化等系统逐步融合，信息共享，实现更深层次的管控一体化是未来发展的方向。

企业资源计划系统在多数流程工业企业内部的供应链管理中已基本成形，企业建设统一财务管理系统，在总账、固定资产、应收、应付等财务管理业务中覆盖情况较好。采购管理、公司层面生产管理、公司层面质量管理、销售管理、协同办公管理、人力资源管理、综合统计、数据分析已基本实现信息化，但是电子商务、工程项目管理信息化还需加强。一些重点企业在聚集了海量的企业生产经营管理信息资源的基础上，建立了数据仓库、联机数据分析、决策支持和预测预警系统，但是缺乏对数据挖掘、商业智能等的深度开发利用。随着钢铁企业集中度提高和结构调整，开始出现了集团化信息化系统，支持企业并购和异地经营。

决策支持系统（decision support system，DSS）最早出现在 20 世纪 70 年代初期，是专门为高层管理人员服务的一种信息管理系统，它强调"支持"而不是"代替"人的决策主体，以灵活、交互式的方式通过协作解决各种类型的决策问题。传统的决策系统以各种定量模型为基础，但由于其通过模型操纵数据，导致系统在决策支持中的作用是被动的，并不能根据决策环境的变化提供主动支持。随着决策环境日趋复杂，决策问题由结构化向半结构化和非结构化问题领域拓展，决策方式从最开始的单人决策逐步过渡到群体决策，决策目标从单目标决策转向多目标决策，决策过程从静态决策发展到动态决策，决策环境由确定型向不确定型转变，使得决策系统呈现出多元化结构发展态势。

从 20 世纪 80 年代初期开始，决策系统增加了知识库和方法库，构成了三库或四库系统。到 80 年代末 90 年代初，专家系统与 DSS 相结合，形成了智能决策支持系统（intelligent decision support system，IDSS），通过逻辑推理的手段充分利用人类知识处理复杂的决策问题，提高了传统 DSS 处理非结构化决策问题的能力。根据不同的动机，智能决策支持系统可大致分为群体决策支持系统（group decision support system，GDSS）、分布式决策支持系统（distributed decision support system，DDSS）等和基于知识发现的智能决策支持系统（intelligent decision support systems based on knowledge discovery，IDSSKD）。其中，IDSSKD 已发展成为目前主流的决策系统，它通过数据仓库提供面向主题集成的高质量数据，通过联机分析处理提供从多视角获取的辅助决策分析数据，通过数据挖掘识别和抽取数据仓库中隐含的、潜在的有用信息丰富和完善决策系统的知识系统。这种结构既发挥了专家系统以知识推理形式解决定性问题的特点，又发挥了 DSS 以模型计算为核心的解决定量问题的特点，使得决策系统解决问题的能力和范围得到了较大提升和扩展，在经济系统中的宏观经济决策、可持续发展问题，军事领域的武器装备发展战略、作战指挥决策等领域发挥了巨大作用。

考虑到流程工业对资源和能源的利用高度密集，生产过程的精细化、高效化和绿色化是企业生产和运营一直追求的目标。因此，与其他领域的决策系统不同，流程工业决策系统侧重于优化决策，其主要目标是根据市场的需求预测、原料的供给情况、生产加工能力和生产环境的状态，通过生产制造全流程的整体优化决策产生实现企业综合生产指标最优的生产制造全流程的运行指标和过程运行控制指标，协调企业各局部的生产过程，从而达到整体最佳。但是，由于受技术水平和研发能力的限制，目前国内已有的报道大多还只是针对流程工业企业某些局部生产过程的决策系统。例如，马竹梧等[21]开发了基于专家系统的高炉智能诊断与决策支持系统，实现了生产管理、炉况诊断、数据分析、数学建模和软仪表可视化等功能；周秉利等[22]开发了钢铁企业生产资源优化配置决策支持系统，能根据市场需求和企业生产能力约束，在综合考虑经济效益、综合成材率以及设备利用率的前提下，对生产资源进行优化配置；农国武等[23]开发了基于概念分层和规则推理的铝电解决策支持系统，采用基于概念分层和规则推理的方法，实现铝电解生产过程控制的决策过程。

考虑到流程工业自身的特点，为实现智能制造的目标，亟待解决的一个核心问题是，如何设计优化决策系统来决定最合理的生产制造全流程的综合生产指标，以使企业综合生产指标达到最优。美国工程院院士卡内基·梅隆大学 Lorenz T. Biegler 教授指出：集成优化在很多化工企业中占据越来越重要的地位，但当前仍缺乏对工业过程全流程的优化决策，因而难以满足快速变化的全球化市场和激烈竞争环境下企业的需求。事实上，流程工业生产制造全流程整体优化决策一直是世界范围内的难题。而且，随着电气自动化和信息自动化水平的不断提升，流程工业企业的整体运营显现出人、机、物三元空间不断融合且日趋复杂的发展态势，对提高流程工业自动化的智能化水平提出了新的挑战。

究其原因，主要是底层设备控制不精细、上层计划调度等缺乏多领域多知识关联分析且自动化程度低，导致某些关键环节还必须依靠有经验的知识工作者来判断和决策，如生产计划部门和调度部门大多利用 MES 和 ERP 等信息化系统的数据，采用人工方式将企业的综合生产指标在空间和时间两个尺度上转化为生产制造全流程的运行指标，其复杂性、不确定性和随机性很难用传统的基于机理模型的决策方法来解决，使得决策结果往往无法动态响应原料、市场、库存及工况的变化。

当前，大数据、云计算、移动互联网等新兴技术展现出强大的影响力，正在改造和重塑各种传统行业的信息化。大数据为整体优化决策提供了及时、准确和完整的数据资源，有望带来更精准、更高效、更科学的管理与决策；云计算为整体优化决策提供了弹性、可靠和便捷的服务资源，有望带来更高的生产效率和更低的运营成本。知识自动化可以粗略地认为是一种以自动化的方式变革性地改变知识产生、获取、分析、影响、实施的有效途径，其关键是如何把信息、情报等与任务和决策无缝、准确、及时、在线地结合起来，在时间和空间上实现"所要即所需，所得即所用"，并提供个性化的智能软件服务。大数据、工业互联网、云计算和知识自动化为解决流程工业整体优化决策难题提供了新的手段。从狭义上讲，整体优化决策的重点是设计基于数据与知识的流程工业决策系统，主要涉及知识的获取、组织和重用，以及如何设计决策支持系统两个方面，前者属于计算机科学的知识工程和人工智能范畴，后者属于控制科学与工程的多目标决策和优化控制范畴。

国际上，一些学者也开始关注流程工业生产制造全流程的整体优化决策问题，并取得了若干可喜的成果。例如，Porzio 等[24]针对钢铁行业降低能耗和减少二氧化碳排放的目标，提出了数学优化模型并开发了相应的决策系统，在某钢铁企业煤气管理中产生了良好的应用效果；Lindholm 等[25]针对流程工业中蒸汽、冷却水、燃料等公用设施的干扰管理（utility disturbance management，UDM）问题，提出了一种简单通用的建模方法用于快速获得决策制定的关键性能指标，开发的决策系统已用于瑞典柏斯托公司的某工厂；Blackburn 等[26]基于一种新的预测分析方法，提出了面向流程工业需求预测的解决方案，针对德国巴斯夫公司的数据的实验表明，该方法显著优于只基于历史需求数据的统计方法。此外，全球两大主要的工业控制软件厂商 AspenTech 和 Honeywell 也分别提出了各自的企业整体优化决策方案，如 AspenTech 公司推出了 Aspen Engineering Suite、Aspen Manufacturing Suite 和 Aspen eSupply Chain Suite 套件，Honeywell 开发了面向石油与天然气、制浆造纸、化工、炼油工业的 Unified Manufacturing Solutions for Business Optimization 套件，将优化决策策略贯穿于计划调度、生产管理、装置操作等全流程的各个层次，并通过分解协调决策将多个层次集成为一个体系，从而为企业提供生产制造全流程的整体优化控制工具。

　　由于我国资源条件和生产条件与国外差别很大，同时原材料成分波动较大，国外研发的控制技术及决策系统价格昂贵且技术保密，并不太适合中国国情。目前，我国流程工业生产制造全流程的运行优化和生产设备（或过程）的运行控制还基本采用人工控制方式，难以实现基于知识自动化的优化决策。经过近几年的探索和实践，研究人员逐渐认识到：基于数据和知识的实时运行优化决策方法和运行控制方法，是解决难以建立过程模型的工业过程的全流程整体运行优化与生产设备（或过程）运行控制问题的有效途径。为此，东北大学流程工业综合自动化国家重点实验室柴天佑院士团队结合我国流程工业过程的实际情况，在国家 973 计划项目的支持下，以选矿工业过程为例开展了全流程一体化控制技术与软件的系统性研发，并成功应用于电熔镁炉等高耗能设备，取得了显著的应用成效。

　　随着大数据等新兴技术的快速发展，企业生产管理数据爆炸式增长，超出了人工和机器处理的能力范围，实现全厂级优化决策的需求更加迫切，对现有决策系统在时效性、准确性、共享性等方面提出了新的挑战。云计算环境是在互联网基础上建立的一种新型信息服务的虚拟化环境，它不仅能够通过云端为决策过程提供大量的原始信息，而且能够通过云计算中心为存储和管理决策过程中的海量信息提供庞大的存储空间和强大的计算能力；同时，云计算环境中海量的信息服务和决策资源还能够为智能决策过程提供有效的支持，根据决策者的需求与偏好选择合适的资源进行智能服务。武汉大学软件工程国家重点实验室何克清教授团队，在承担的云服务、网络大数据相关的两个国家 973 计划项目的研究中，通过理论研究与实践发现云计算与大数据的双向融合能够产生 1+1>2 的效能，在云计算参考架构设计、云服务互操作性管理和大数据价值分析方面的核心技术已被国际标准化组织（International Organization for Standardization，IOS）和开放组（The Open Group，TOG）标准化。

一方面，云服务的虚拟化特性突破了计算对数据资源的紧耦合约束，使得云计算能够降低大数据存储和分析的成本，并能够提高大数据分析的可伸缩性；另一方面，大数据中蕴含的知识和价值及其背后的应用意义，能够创造智能云计算，提升云计算的洞察能力，从而提高业务云服务的智慧程度和精准度。因此，云计算与大数据的双向融合不仅改变了复杂决策问题的求解方式和过程，而且改变了相应的智能决策支持系统的架构与设计方法，更注重"以人为本"的知识和软件服务的深度语义融合。云计算环境中大数据驱动的智能决策（简称"云决策"）研究，已成为当前业界和科研界的热点，将为流程工业生产制造全流程的整体优化决策研究带来重大的创新机遇。

目前，国际上有许多专用商业优化软件。例如，LINGO、IBM ILOG CPLEX 求解整数规划问题、线性规化（linear programming，LP）问题、二次规划（quadratic programming，QP）问题及二次约束规划（quadratic constraints programming，QCP）问题等；AIMMS 软件系统对大规模优化和调度问题建模和求解，可涉及 LP、QP、非线性规化（nonlinear programming，NLP）、混合整数规化（mixed integer programming，MIP）等问题类型。同时有一些开

源优化工具箱或求解器,例如,AMP MATLAB 提供大规模非线性规划工具箱,IPOPT 提供连续系统大规模非线性优化工具箱等。另外,在多目标优化方面也有许多求解算法或工具,如 NSGA-II、SPEA2、LIONsolver、FSQP 等,但还未见较成熟且广泛应用于工业背景的商业软件。而且,国内流程工业过程一体化决策发展不能仅依靠这些商业优化软件或工具箱,原因在于:

(1)商业优化软件价格高且核心技术保密;

(2)以上软件主要针对单目标 LP、MIP 及一类 NLP 优化问题求解,而流程工业一体化决策所涉及的往往是多目标优化问题,面向流程行业的生产全流程指标优化决策模型类型随生产工艺、背景不同而发生变化,不能直接将上述商业软件作为流程工业企业一体化决策的验证平台。

在长时间深入研究的基础上,我国在流程工业自动化系统验证平台与应用方面也取得了一些进展,如开发了流程工业综合自动化系统验证平台的基础研究工作并在部分企业获得典型的成功应用,开发了高端控制装备及系统设计开发平台和面向重大工程的先进控制与优化理论及应用研究平台等。尽管这些平台建设取得了一些进展,但与流程工业全流程整体决策系统的验证平台要求还有很大差距,迫切需要研究大数据和知识驱动的流程工业过程一体化验证平台及构建技术。

毫无疑问,云计算、大数据、物联网、移动互联网等技术的发展,使得流程工业传统的决策、计划和调度方式正在悄然发生变革,以知识自动化为核心的"云决策"研究初露端倪。

2. 发展态势

目前流程工业生产系统架构普遍采用的是 ERP/MES/PCS 三层结构，采用多种软件系统（PIMS、RSIM、ORION 等），多种类型网络（设备网、控制网、企业管理网等），多种控制计算机（PLC、DCS、管理计算机）、传感器与执行机构组成的硬件平台，组态软件、实时数据库、关系数据库等组成的支撑软件平台来实现，不同层次的工业计算机网络系统和软件平台的制约导致决策、计划、执行和控制相互隔离，不利于流程工业的智能决策和决策与控制一体化，严重束缚了流程工业向高效化、绿色化方向发展。

在大数据、云计算、知识工程、虚拟制造、工业互联网、移动通信、移动监控与决策等新技术手段基础上，将知识工作者自动化+智能技术+控制、优化、计算机、通信（control optimization computer communication，COCC）与流程工业实体相结合，研发自动化智能决策系统，使企业经营决策系统、供应链系统、资源计划系统、制造执行系统、能源管理系统等成为智能优化决策系统，是目前的发展态势。当全球化的市场需求和生产原料发生变化时，智能优化决策系统自动获取市场需求变化和资源属性等方面的数据和信息，智能感知物质流、能源流和信息流的状况，实现自主学习和系统的主动响应，自适应优化决策企业生产目标、优化配置资源和合理配置与循环利用能源，给出以综合生产指标优化为目标的运行优化指标目标值，实现计划调度与生产线全流程控制一体化，从而实现提高生产效率与产品质量，降低能耗与物耗的目标，并且实现生产过程的环境足迹最小化，能够确保流程工业环境友好地可持续发展。

2.2　流程工业智能优化决策系统的发展思路与重点任务

2.2.1　流程工业智能优化决策系统的发展思路

智能优化决策是实现流程工业生产工艺优化和生产全流程整体优化，确保流程工业企业的高效化和绿色化生产的重要手段。具体来说，就是从流程工业绿色化与自动化、工业化与信息化深度融合的重大需求出发，以实现流程工业绿色化、智能化和高效化为目标，研发和构建流程工业智能优化决策相关的知识自动化处理理论与方法，建立知识、数据与模型融合的复杂工业系统优化决策新理论与新方法，研发多目标动态优化决策算法及软件架构，建立流程工业智能优化决策系统体系结构及数据库、知识库、模型库、算法库、原材料库等核心组件，构建流程工业知识和数据驱动的优化决策系统实验平台，引领工业化与信息化深度融合，为形成以生产全流程整体优化为特征的流程工业智能优化制造新模式，为工业水平、国民经济、社会环境的提高与改善做出贡献。根据以上目标，流程工业智能优化决策系统的研究可以从以下几个方面开展，并取得阶段性成果和目标。

（1）深入理解并分析流程工业特点、流程工业过程中数据和知识的特点及分类、流程工业智能优化决策的内涵。在此基础上，研究如何自动获取流程工业生产过程中所需知识，将所获取的知识进一步表示为计算机能够识别、计算的知识。知识获取一般是指从特定的知识源获取可能有用的问题求解知识和经验，并转换为程序的过程。流程工业智能优化决策系统的构建是一个不断获取知识、共享知识、应用知识和创新知识的循环过程。流程工业知识需求的多样性及知识分布的碎片化，使其知识在现实中往往难以高效、合理利用。而且由于流程工业的复杂性、流程工序间的关联性、市场需求的多样性以及边界条件的多变性，流程工业的知识呈现相互关联性及不完备性。因此，必须结合流程工业特点，研究如何全面获取流程工业过程的知识并对其进行挖掘、推理与优化重组。

（2）在知识获取、表示取得突破的基础上，研究如何利用知识实现流程工业生产计划与调度决策，如何自动利用知识实现智能化的优化计划与调度、优化经营决策，如何实现知识、数据和机理融合的从经营管理至生产调度的全流程智能优化决策，使工业过程成为知识自动化系统，从而实现提高生产效率与产品质量，降低能耗与物耗，实现生产过程环境足迹最小化，确保环境友好地可持续发展。问题的核心是如何自动高效利用知识和工业大数据实现流程工业生产的智能优化决策。

（3）在知识数据及机理相结合的多尺度建模、控制，多目标优化决策、优化运行和控制的一体化方面取得突破的同时，决策系统的软件架构及算法也应该取得突破性进展。流程工业要实现一体化智能决策，必须把工业实体研发成一个智能优化技术系统或一个 CPS，采用工业云实现决策与执行的扁平化结构，研究流程工业智能优化决策的高效计算方法与工业软件架构，形成支撑智能优化决策算法的嵌入式软件平台。为了通过决策算法模拟人的决策行为，目前方兴未艾的机器学习方法（以深度学习神经网络为代表）具有重大研究价值。但应该注意的是，对于具有场景不确定性、知识冗余和冲突、动态多目标的工业生产计划和调度决策，需要比 AlphaGo 博弈模型适用性更广、可塑性更强的知识自动学习算法和系统。

（4）流程工业智能优化决策系统实验平台与应用验证。面向典型流程工业企业，研发相关的智能优化决策系统技术，设计智能优化决策云服务平台系统体系架构与核心组件，构建流程工业智能优化决策的数据库、知识库、模型库、算法库，形成流程工业智能优化决策系统实验平台，开展实验研究。在此基础上进一步研发流程工业智能优化决策系统，并在典型流程工业企业进行应用验证研究，实现一体化智能优化决策示范应用，使企业取得显著经济与社会效益。

2.2.2　流程工业智能优化决策系统的重点任务

针对上述挑战，流程工业智能优化决策系统的重点任务是：从流程工业绿色化与自动化、工业化与信息化深度融合的重大需求出发，以实现流程工业绿色化、智能化和高效化为目标，建立工业大数据和知识驱动的流程工业智能决策机制和系统体系结构，研究工业大数据驱动的领域知识挖掘、推理与重组、多源异构多尺度生产指标预测、大数据和知识驱动的生产指标决策、优化运行与控制一体化决策方法与技术，研发流程工业智能优化决策的实现技术与工业软件，建立流程工业智能优化决策系统实验平台，从而形成以生产全流程整体优化为特征的流程工业智能决策新模式，实现流程工业生产的绿色化、智能化和高效化，引领工业化与信息化深度融合。

2.3　流程工业智能优化决策系统的重点领域与关键技术

2.3.1　流程工业智能优化决策系统的重点领域

流程工业生产过程以自然资源和可回收资源为原料，通过气液固多相多物理化学反应，生产出制造业所需要的原料。我国是世界上门类最齐全、规模最庞大的流程工业大国。但我国流程工业高端制造偏少，智能制造水平低，面临着资源、能源、环境等多方面的发展制约，迫切需要通过流程工业高效化和绿色化将我国流程工业由大变强。

流程工业目前只能实现过程控制和单元过程的优化，全流程的资源优化、能效优化和运行优化需要依靠大量的生产知识和经验，经营计划、生产计划与调度、控制系统的指令还是靠知识型工作者凭经验来决策。如何建立流程工业智能决策系统、实现决策流程的优化与自动化及知识驱动的自动化决策是突破流程工业企业制约、实现高效化和绿色化生产的基础。

虽然当前大数据、云计算、工业互联网等新技术取得了重要研究进展，但是在面向流程工业知识型工作的自动化智能优化决策方面还存在很多基础性的难点和瓶颈，主要体现在：

（1）流程工业智能决策系统的实现体系和功能结构研究薄弱。现有的多层次生产决策体系结构缺乏对知识自动化的支撑，已有的算法和软件难以支撑流程工业智能决策系统的实时高效计算和协同服务。

（2）流程工业制造过程的知识提取困难。从数据中提取的有关工艺机理、设备性能、生产运行与管理、经营决策等碎片化知识缺乏有效的关联、优化重组及演化技术手段，知识的利用程度低。

（3）流程工业制造过程全流程整体优化困难。调度、计划与优化控制缺乏有效的协同，生产指标、生产运行和经营决策系统相对独立，更多依赖于知识工作者的经验，缺乏全局智能协同优化。

针对面向流程工业的智能优化决策还存在很多基础性的难点和瓶颈，围绕国家节能降耗减排的重大需求，应该着重研究流程工业智能决策系统的体系结构、基于大数据与人机协同的知识自动获取、决策性能预测、流程工业生产指标、计划与调度一体化决策等关键技术，形成流程工业智能决策系统的基础理论与关键技术。开展流程工业智能决策系统的基础理论与关键技术的研究，对促进自动化、人工智能和计算机等相关学科的发展具有重要推动作用，特别是对推进两化深度融合，提高企业核心竞争力，实现我国流程工业由大到强的根本性转变具有极其重要的意义。

2.3.2　流程工业智能优化决策系统的关键技术

本节从实现流程工业过程智能决策系统的基础理论、关键技术和支撑环境等方面入手，凝练出如下主要研究内容和需要突破的关键技术。

1. 基于大数据和知识自动化的流程工业智能决策系统的体系结构

流程工业智能决策系统首先要解决体系结构问题。流程工业过程决策具有多层次、多尺度、多目标等特点，目前尚缺乏面向全过程的全生命周期智能决策机制、策略和体系结构。未来的决策一定是人机交互的动态决策。在工业大数据和云网络平台的支持下，通过知识库构建、决策计算、指标预测、评价反馈等模块，将智能决策行为和综合自动化、智能方法与预测和反馈相结合，建立流程工业智能决策系统的体系结构与功能，实现人机柔性化自适应交互决策。

其关键技术包括：

（1）基于大数据和知识自动化的智能决策系统体系结构；

（2）基于决策-预测-反馈-校正机制的决策技术；

（3）人-机自适应协同决策策略与介入机制；

（4）人-机柔性化交互方法与技术；

（5）基于大数据和知识自动化的智能决策系统软件架构。

智能决策系统的架构示意图如图 2.2 所示。

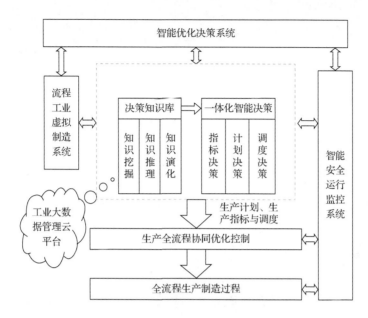

图 2.2　智能优化决策系统的架构示意图

2. 工业大数据驱动的智能决策系统的决策知识库构建

流程工业制造过程物理、化学反应机制与工艺流程复杂。生产制造过程产生大量多源的数据和信息，这些数据和信息包含着对过程建模、控制、优化和调度决策有用的知识。但是由流程工业制造过程的数据和信息中提取知识还存在很多的难点，比如很难统一表示知识的表达模式和涵盖范围，不同工业机理、设备性能、生产运行与管理决策的知识很难进行关联、优化重组和演化，多时空重组的知识很难通过深度学习产生新知识等。因此，必须研究工业大数据驱动的智能决策系统的领域知识挖掘、推理与优化重组，进而构建决策知识库。其关键技术包括：

（1）流程工业生产大数据中知识的显性化与组织方法；

（2）经验性与数据性知识的协同方法与评价策略；

（3）基于机理、操作和管理经验的领域知识获取；

（4）关联知识的推理与优化重组；

（5）市场需求变化和资源属性等方面的数据和信息自动获取；

（6）物质流、能源流和信息流的状况智能感知。

3. 基于大数据和知识驱动的关键决策评价指标预测

流程工业生产过程涉及反映生产过程效率、能耗、物耗和质量等多方面的性能指标。这些性能反映了生产过程运行的优劣。但是这些性能指标的数值往往难以通过自动化仪表测量获得，只能通过实验室化验，甚至基于生产知识经验来确定，流程工业智能决策系统的核心任务就是实现这些性能指标的全局最优，因而制造过程中的性能指标就需要采取建模预测的手段为智能决策系统提供优化指导。大数据技术在流程工业中的应用为性能指标预测提供了基础信息。因此将生产中采集的数据、图像、文本等异构数据与生产知识融合，建立满足流程工业智能决策系统要求的性能指标预测模型，是实现智能决策系统的基础。其关键技术包括：

（1）机理模型与数据和知识融合的多尺度多维度指标预测模型；

（2）基于主模型和非线性误差补偿的指标预测模型建模方法；

（3）基于知识迁移学习的不同工况下预测模型的快速迁移方法；

（4）图像和文本等非结构数据与结构数据融合的预测模型。

4. 工业大数据和知识驱动的流程工业性能指标决策、计划与调度一体化决策理论与实现技术

流程工业过程的性能指标决策、计划与调度一体化决策涉及大量的生产过程知识和数据。融合知识与数据建立工业过程多尺度、多维度模型，进而实现基于知识的计划调度优化和供应链智能决策与资源优化，是实现流程工业过程的性能指标决策、计划与调度一体化决策的基本途径。因此必须首先研究知识与工业大数据融合的建模、控制与优化方法，然后提出工业大数据和知识驱动的性能指标决策、计划与调度一体化决策方法。其关键技术包括：

（1）流程工业生产过程指标的分级智能决策结构；

（2）企业综合生产指标目标值的智能决策方法；

（3）全流程生产指标的智能决策方法；

（4）基于机理与数据和知识融合的一体化决策模型；

（5）基于多粒度知识的联合决策计算方法；

（6）多层次、多尺度、多目标动态优化决策方法；

（7）宏观信息优化与虚拟企业预测和大数据反馈校正相结合的运行指标智能决策方法；

（8）需求驱动的供应链智能决策与资源优化配置方法；

（9）面向生产装置特性的流程工业生产计划与调度智能优化决策。

5. 基于大数据和工业互联网的流程工业生产资源配置智能决策技术

"工业 4.0"时代，客户定制化需求正带动企业进行新的价值重构。以较

低成本满足用户定制化的需求是流程工业生产管理的核心内容。另外，流程工业普遍存在设备大型化、生产批量化、生产流程长、工序耦合度高、物流交叉复杂等特征。为解决日益增长的个性化需求与流程工业产品规模化生产之间的矛盾，需要建立大数据平台对终端客户个性化定制需求进行承接，基于供应链理论研究个性需求对生产资源配置及排产响应机制，基于工业互联网实现全工序快速资源配置与一体化编制与执行。其关键技术包括：

（1）流程工业面向产品特征和客户大数据分析一体化的生产资源优化管理技术；

（2）流程工业面向大规模定制的产品设计与生产计划集成优化；

（3）流程工业基于延迟策略的客户订单分离点决策技术；

（4）流程工业全工序产能平衡计划集成优化技术；

（5）流程工业全工序在制品库存最优控制技术；

（6）流程工业产线分工智能优化决策技术。

6. 流程工业一体化决策系统实现技术

根据流程工业生产组织、经营管理和生产装置特点，对生产计划与调度敏捷决策需求进行分析，需要解决数据库、知识库、模型库、算法库、标准编码体系的原型设计与实现难题。为此，其关键技术包括：

（1）流程工业过程的智能决策相关数据库、知识库、模型库、算法库、原材料库的云端共享、发布调用与实时协同服务技术；

（2）实现计划与调度一体化决策系统的架构设计与实现技术；

（3）知识挖掘与分析、自动决策的软件架构设计与实现技术；

（4）面向透明工作流的智能管理系统设计与多媒体实现技术；

（5）动态决策流程的可视化脚本设计方法；

（6）嵌入式工业决策软件系统设计与实现。

7. 典型流程工业智能优化决策系统实验平台与应用验证

面向典型流程工业企业，利用大数据、工业互联网、云计算等新的信息技术搭建智能优化决策系统实验平台。主要研究内容如下。

（1）流程工业智能优化决策云服务平台。

主要研究：流程工业过程的智能决策相关软件构件化和服务化；智能优化决策云服务平台系统体系架构与核心组件设计；流程工业智能优化决策的软件工具、平台及其构件化；云服务平台下的智能优化决策新服务发现、服务定制与整合；实现移动监控与远程操作决策的新一代控制系统软硬件平台。

（2）典型流程工业智能优化决策系统实验平台与验证。

主要研究：基于面向服务的架构建立的企业信息化集成应用；面向有色、钢铁、石化、矿业等流程工业具有先进工艺和指标的典型企业，研发相应的智能优化决策系统，并进行应用验证研究，实现智能决策、智能优化运行和优化控制一体化，实现大范围优化运行与动态实时调整，使企业取得显著的经济与社会效益。

第3章 大数据与知识自动化驱动的生产全流程智能优化协同控制系统理论与关键技术

3.1 智能优化协同控制的内涵与发展态势

3.1.1 智能优化协同控制的内涵

如前所述,流程工业过程是由一个或多个工业装备组成的生产工序,进而由多个生产工序构成了全流程生产线。工业过程控制系统的目标是实现流程工业过程全流程生产线综合生产指标的优化。从这个角度来考虑过程控制系统设计，其被控过程是多尺度、多变量、强非线性、不确定性的，并且难以建立数学模型，因此，难以采用已有的控制与优化理论和技术。目前的复杂工业过程运行控制处于如图 3.1 与图 3.2 所示的人机合作或人工操作状态。

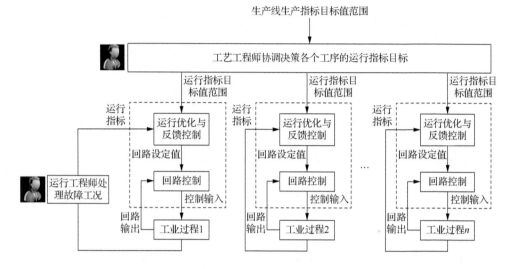

图 3.1　人机合作运行控制结构图

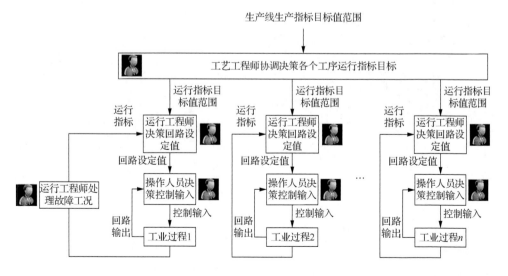

图 3.2　人工操作运行控制结构图

对于可以建立数学模型和可以掌握运行规律的工业过程，可以采用实时优化、模型预测和智能运行反馈控制技术实现回路设定值的自动决策。但是，运行指标目标值范围由工艺工程师进行决策。当生产条件与运行工况发生变化时，难以及时准确地预测、判断与处理异常工况。对于复杂的工业过程如处理低品位、成分波动的赤铁矿选矿过程以及广泛应用于有色冶金过程的重大耗能设备，其回路控制、回路设定值决策、运行指标目标值范围决策以及异常运行工况诊断与处理均由知识工作者凭经验完成。因此，这类工业过程往往处于非优化运行状态，甚至常常出现异常工况，难以实现安全优化运行。流程工业的智能优化制造要求工业过程控制系统成为 CPS，即智能协同优化控制系统，其结构如图 3.3 所示。

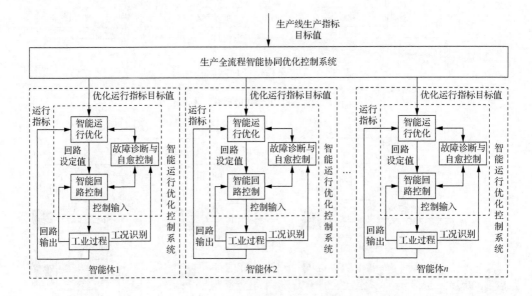

图 3.3　智能协同优化控制系统结构图

智能协同优化控制系统由生产全流程智能协同优化控制系统和智能运行优化控制系统组成。两类系统的功能已在第 1 章阐明。

智能协同优化控制系统是工业过程控制系统的发展方向。将工业过程控制系统发展为智能协同优化控制系统需要解决的科技难题是：①实现智能协同优化控制系统愿景功能的系统架构和工业过程智能建模、控制与优化算法；②将以控制与优化技术、计算机技术和通信技术为代表的计算资源与以工艺和工业装备为代表的物理资源紧密融合和协同，实现智能协同优化控制系统愿景功能的控制系统技术。

3.1.2　智能优化协同控制的发展态势

工业过程建模、控制与优化算法及控制系统实现技术的现状与发展趋势具体综述如下。

1. 工业过程建模、控制与优化算法研究现状与发展趋势

目前工业过程建模、控制与优化算法的研究是分别进行的。工业过程控制的研究主要集中在工业过程回路控制和运行优化与控制两方面。

工业过程回路控制所涉及的控制理论和控制器设计方法的研究集中在保证控制回路闭环系统稳定的条件下，使控制回路的输出尽可能好地跟踪控制回路的设定值。由于工业过程回路控制的被控对象模型参数未知或时变，或受到未知的随机干扰，或存在未建模动态等不确定性，自适应控制、鲁棒控制、模型预测控制等先进控制方法的研究受到广泛关注[27]。

　　虽然回路控制的被控对象往往具有非线性、多变量、强耦合、不确定性、机理模型复杂、难以建立精确的数学模型等动态特性，但由于其运行在工作点附近，因此在工作点附近可以用线性模型和高阶非线性项来表示，其高阶非线性项的稳态大都是常数。由于 PID 控制器的积分作用可以消除高阶非线性项的影响，加上可以方便地使用工业过程中输入、输出与跟踪误差等数据，以及以 DCS 为代表的控制系统实现技术的出现，使基于跟踪误差的 PID 控制技术得以广泛应用[28]。当被控对象受到未知与频繁的随机干扰，始终处于动态，从而使积分器失效，难以获得好的控制性能。基于数据的控制方法，如无模型控制[29]、学习控制[30,31]、模糊控制[32,33]、专家控制（规则控制）[34]、神经网络控制[35]、仿人行为的智能控制[36]等，以及数据与模型相结合的先进控制方法，如基于智能特征模型的智能控制[37,38]和基于多模型切换的智能解耦控制[39,40]，受到控制工程界的广泛关注。

　　复杂工业过程回路控制的被控对象往往是受到未知与频繁的随机干扰的强非线性串级过程，如赤铁矿再磨过程、混合选别过程和工业换热过程。强耦合或频繁的随机干扰使得高阶非线性项处于动态变化之中，PID 的积分作用失效，从而使被控对象的输出频繁波动，甚至谐振。文献[40]针对被控对象的线性模型，采用常规控制技术如 PID 设计控制器建立控制器驱动模型，以控制器输出的控制信号作用于控制器驱动模型，得到控制器驱动模型的输出与被控对象的实际输出之差，即虚拟未建模动态，提出了虚拟未建模动态补偿驱动的设定值跟踪智能切换控制方法。该方法结合赤铁矿再磨过程和混合选别过程的特点，提出了区间智能切换控制，并成功应用于工业界[41,42]。目前还缺乏使 PID 的积分作用失效的复杂工业环境下改善动态性能使该系统具有自适应、鲁棒功能的新的控制器设计方法的研究。

工业过程的运行动态模型由回路控制的被控对象模型和其被控变量与反映产品在该装置加工过程中质量、效率与能耗、物耗等运行指标的动态模型组成。其运行动态模型与领域知识密切相关，虽然近年来，工业过程的运行优化与控制吸引了学术界和工业界的很多研究者进行研究[43;44]，但至今没有形成适合各种工业过程的统一过程运行优化与控制方法。目前的过程运行优化与控制是结合具体工业过程开展研究的。

为了便于工程实现，运行优化与控制采用回路控制层和控制回路设定层两层结构。大多工业过程的回路控制层为快过程，而控制回路设定层为慢过程，当进行控制回路设定时，回路控制层已处于稳态并使回路输出跟踪设定值，因此运行优化与控制的研究集中在控制回路设定层。

可以建立数学模型的工业过程如石化过程，采用实时优化[45;46]进行控制回路设定值优化。由于 RTO 采用静态模型，是一种静态开环优化方法，工况变化和干扰使工业过程处于动态运行，只有工业过程处于新的稳态时才能采用 RTO，因此优化滞后[47]。克服上述问题的基于模型预测控制的运行优化控制的研究受到广泛关注[46-48]。有的工业过程往往处于动态运行之中，如生产负荷频繁变化、产品牌号经常切换、批次间歇生产等。解决这类问题的实时动态优化运行和非线性预测控制的研究受到广泛关注[48,49]。

对于难以建立数学模型的工业过程，如钢铁、有色金属等的运行优化与控制是结合具体的工业过程开展研究，国外高技术公司针对钢铁等工业过程采用预处理手段使原材料成分稳定、生产工况平稳，研发将运行指标转化为控制回路设定值的工艺模型或经验模型，进行开环设定控制。

中国矿产资源（菱镁矿、赤铁矿和铝土矿等）虽然丰富，但品位低、成分波动大、矿物组成复杂，难以选别，因此采用大量耗能设备（电熔镁炉、竖炉、回转窑和磨机等）进行加工处理。该工业过程具有综合复杂性：不同时间尺度，强非线性、多变量强耦合、生产条件变化频繁、原料成分波动，机理不清、难以建立数学模型，能耗、物耗、质量与效率等运行指标不能在线测量。针对这类工业过程，文献[49]和文献[50]将建模与控制相集成，优化与反馈、预测与前馈相结合，智能行为与智能算法相结合，提出了由控制回路预设定模型、运行指标预报模型、前馈与反馈补偿器、故障工况诊断与自愈控制器组成的设定值智能闭环优化控制策略，结合竖炉焙烧和再磨过程提出了设定值智能闭环优化控制方法并成功应用于实际工业过程[50-53]。迄今为止，上述研究都没有考虑回路控制的闭环系统动态特性对运行优化与控制的影响。

工业过程的运行控制采用设备网和控制网双网结构。特别是，随着互联网技术的工业应用，运行优化与控制可以在工业云上实现。通过网络传输回路设定值和回路输出，由于网络传输可能产生的丢包、延时等传输特性，影响运行动态特性，可能造成运行反馈控制的性能变差。文献[52]和文献[53]对不同网络环境下的运行控制进行了研究探索。目前还缺乏在工业互联网和工业云环境下的工业过程运行优化控制方法的研究。

如图 3.1 和图 3.2 所示，生产过程的运行工程师根据观测的运行工况和相关的运行数据，凭积累的丰富经验判断与处理出现的各种异常工况。虽然基于 DCS 的工业过程控制系统具有异常工况报警功能，该报警功能只是根据输入输出数据是否超过限制值来判断是否报警，瞬间的超限会因控制系统的作用而消失，因此误报现象常常发生。当生产条件与运行工况发生变化时，工业过程控制系统中采用的运行优化与控制算法没有识别生产条件和运行工况变化的功能，也没有自适应、自学习、自动调整控制结构和控制参数的功能，不能适应工业过程的这种动态变化，导致控制性能变差，使工业过程处于异常工况。对于复杂工业过程，如处理低品位、成分波动的赤铁矿选矿过程，以及广泛应用于有色冶金过程的重大耗能设备，由知识工作者凭经验知识决策回路设定值和运行指标目标值范围。当生产条件和运行工况发生变化时，往往出现决策错误，导致工业过程出现异常工况。异常工况的判断和预测的关键是建立异常工况的数学模型，早期的工业过程故障诊断研究集中于执行器、传感器和控制系统部件的故障诊断，采用基于模型的故障诊断方法[54,55]。由于异常工况机理不清，难以采用基于模型的故障诊断方法，数据驱动的故障诊断方法的研究得到学术界和工业界的广泛关注[56]。文献[57]结合电熔镁炉提出了数据驱动的电熔镁炉异常工况诊断和自愈控制，并成功应用于实际工业过程。文献[58]和文献[59]结合冷轧连退工业过程提出了断带与打滑故障的诊断方法。由于异常工况的复杂性，运行工程师可以通过运行工况的观测、工业装备运转的声音和运行数据凭经验知识诊断异常工况。目前还缺乏基于运行工况图像、设备运转的声音和运行数据与知识相结合的工业大数据运行故障智能诊断方法的研究。文献[55]和文献[56]只研究了控制回路设定值不合适而导致的运行故障诊断和通过改变控制回路设定值排除运行故障的自愈控制方法，目前还缺乏通过改变控制结构和控制参数消除运行故障的自愈控制方法的研究。

将工业过程建模、控制和优化相集成实现智能优化控制系统愿景功能将是工业过程建模、控制与优化算法研究的发展趋势。

2. 控制系统实现技术的研究现状与发展趋势

从对工业过程建模、控制与优化算法的研究现状与发展趋势的分析可以看出，工业过程智能优化控制系统所需要研究的运行优化与控制和故障诊断与自愈控制算法难以采用控制与优化理论所提供的解析工具来进行算法的性能研究，因此需通过实验手段来研究算法的性能。由于工业过程千差万别，生产过程高耗能且产生污染，操作不当易危及生命安全，因此，现有关系统难以作为实验装置。采用仿真技术建立虚拟的工业过程，工业环境中运行的控制系统、所研制的运行优化与控制系统和故障诊断与自愈控制等几个系统构建的半实物仿真实验系统是研究工业过程智能优化控制系统理论和技术必不可少的工具。结合赤铁矿磨矿过程研制的运行优化反馈控制半实物仿真实验系统在磨矿过程的运行优化控制算法研究和工业应用中发挥了重要作用。建立模拟工业过程运行动态特性的虚拟工业过程的关键是建立工业过程运行的动态模型。由于采用已有的建模技术难以建立复杂工业过程运行动态模型，因此制约了工业过程运行优化与控制和故障诊断与自愈控制的半实物仿真实验系统的研制，也制约了高效的建模、控制、优化算法应用于工业过程控制系统。将数据、知识、虚拟现实技术和仿真技术相结合开展复杂工业过程运行动态建模与可视化技术研究，有助于研制工业过程建模、控制与优化半实物仿真实验系统，也有助于工业过程的可视化监控的实现。

目前在工业环境中运行的过程计算机控制系统主要采用 DCS。基于 DCS 的工业过程控制系统的主要功能是实现工业过程的多个回路控制、设备的逻辑与顺序控制和过程监控。实现工业过程运行优化与控制和故障诊断与自愈控制还需要其他计算机系统。嵌入式控制系统已经应用于高速铁路、汽车电子、数控机床等领域。为了使嵌入式系统具有更多的功能，多核嵌入式系统的研究越来越受到学术界与产业界的重视。多核嵌入式系统的发展必将促进嵌入式控制系统的发展。将工业过程回路控制、设备的逻辑与顺序控制和过程监控、运行优化与控制、故障诊断与自愈控制集成于多核嵌入式控制系统，使一体化实现成为可能。

工业大数据技术、工业互联网技术和工业云的发展使智能优化决策系统和智能优化控制系统的实现成为可能，这也必将对原有的基于 DCS 的计算机控制系统提出挑战。如图 3.4 所示，工业过程计算机控制系统硬件平台采用设备网、工业以太网和管理级网络将执行机构、检测装置、DCS、监控与管理计算机组成系统，完成过程控制、运行管理和企业资源计划管理。

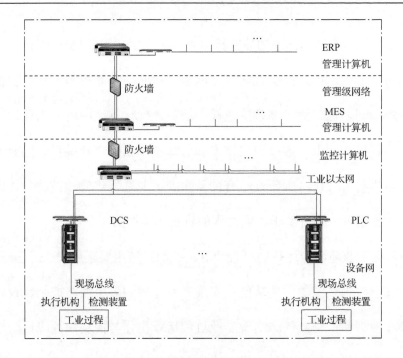

图 3.4　工业过程计算机控制系统硬件平台结构图

　　要实现企业经营生产管理的智能优化决策系统的愿景功能,就要采用大数据、工业互联网、云计算等新的信息技术。为此,应在如图 3.4 所示的系统基础上引入工业云、具有无线传输功能的智能嵌入式控制系统、基于工业互联网的智能数据处理系统。该系统为实现由生产全流程智能优化协同控制系统和智能运行优化控制系统组成的智能协同优化控制系统提供了技术平台。

　　控制系统技术、计算机技术、通信技术紧密融合与协同,研制可以实现企业生产全流程综合生产指标优化的智能优化控制系统愿景功能的新一代网络化、安全可靠的工业控制计算机系统,将成为工业过程控制系统实现技术的新发展方向。

3.2　智能优化协同控制的发展思路与重点任务

3.2.1　智能优化协同控制的发展思路

　　传统的基于数学模型的控制器设计方法是根据对象模型设计控制器结构，然后选择参数。为了便于工程实现，智能优化协同控制采用生产全流程智能协同优化控制系统和由智能运行反馈控制、回路控制层和生产过程组成的智能体两层结构。回路控制层采用已有的控制器设计方法来设计。由于上述工业过程的被控对象特性难以用数学模型来描述，只能依靠过程数据和知识，因此大数据和知识驱动的控制器设计思想首先研究智能优化协同控制结构，然后采用过程数据设计结构中的各部分。由于上述工业装置运行过程的动态特性难以用数学模型来描述，常常运行在动态之中，受到不确定性的未知干扰，要求运行优化控制具有鲁棒性，采用动态闭环优化的方式，因此全流程智能协同优化控制系统和智能运行反馈控制都采用优化与反馈相结合的策略。由于装置运行指标和控制回路设定值的优化决策只能采用近似模型或者在运行专家经验与知识的基础上采用案例推理或专家规则等智能方法，决策的设定值往往偏离优化设定值，因此采用运行指标预测与校正策略。为了避免因决策出的装置运行指标和控制回路设定值不适合而造成的故障工况，采用故障工况预测与改变设定使工业装置运行远离故障的自愈控制思想，来研究大数据和知识驱动的智能优化协同控制系统结构和设计方法。

3.2.2　智能优化协同控制的重点任务

作为流程工业智能优化制造核心的智能优化协同控制系统面临着两个根本挑战。

（1）流程工业企业目标、资源计划、调度、生产全流程运行指标的决策处于人工状态，以及产品生产过程难以建立数学模型，难以数字化，并且决策过程受知识和数据不完备与滞后的制约，无法实现全流程的集成优化。因此，如何将数据、知识、工业物联网、智能协同控制技术与流程工业实体相结合，实现多尺度、多目标优化决策、优化运行和控制的一体化是流程工业智能优化协同控制的一个挑战。

（2）现有的工业计算机网络系统与软件平台严重制约着流程工业智能协同控制系统的发展，因此如何基于移动通信与移动计算实现远程监控、全面感知、协同分析、综合判断、移动决策和自主执行的系统成为流程工业智能优化协同控制系统面临的另一个挑战。

为此，作为流程工业智能优化制造核心的智能优化协同控制系统的发展应包含下列重点任务：

（1）生产全流程智能协同优化控制系统体系架构；

（2）研究数据与知识相结合的具有综合复杂性的工业过程智能协同优化控制涉及的智能建模、动态特性可视化、运行指标预测、智能协同优化控制和故障诊断与自愈控制等核心算法；

（3）研究工业过程安全可靠的智能协同优化控制系统实现技术和在典型工业过程的应用验证。

3.3　智能优化协同控制的重点领域与关键技术

3.3.1　智能优化协同控制的重点领域

工业过程智能优化协同控制系统是工业过程控制系统未来的发展方向。当前我国重要的原材料工业采用大量的高耗能重大装备，机理复杂，具有多尺度、多维度、强非线性、强耦合等综合复杂性，过程控制、运行与故障诊断处于人工状态，各个装备的操作运行是独立进行的，没有实现装备之间的协同运行，无法保证整条生产线与产品质量、产量、消耗和成本相关的综合生产指标优化，无法满足绿色化与高效化的需求。将我国流程工业的发展需求与上述工业过程控制系统理论与技术发展方向相结合，开展具有自适应、自学习、安全可靠优化运行功能的智能化协同控制系统理论与技术的研究，不仅为我国重大工业装备实现安全可靠、绿色、高效运行的控制系统提供支撑，而且可以促进控制系统理论与技术的发展。为此，应开展下列重点领域的研究：

（1）开展生产全流程智能协同优化控制系统体系架构的研究。智能优化协同控制采用生产全流程智能协同优化控制系统和由智能运行反馈控制、回路控制层和生产过程组成的智能体两层结构。需要研究两层结构的融合与功能设计，研究如何利用大数据和知识自动化的思想来实现各个层次内容的协同控制和智能运行反馈控制的体系结构。

（2）开展数据与知识相结合的具有综合复杂性的工业过程运行动态智能建模与动态特性可视化技术研究，为运行指标预测、工业过程可视化监控、运行优化控制和故障诊断与自愈控制半实物仿真实验系统的研制提供支持。

（3）开展工业过程回路控制与设定值优化一体化控制系统理论与技术研究，包括数据与知识相结合的设定值多目标动态优化决策、回路控制闭环系统动态特性影响下的运行优化与控制、基于工业云和无线网络的运行优化控制、积分作用失效的复杂工业环境下改善动态性能的具有自适应和鲁棒功能的工业过程回路控制。

（4）开展由生产线生产指标产生运行指标的非线性多目标动态优化决策方法研究。智能协同优化控制的对象是一个多层次、多目标、大规模的高维非线性复杂工业过程，不仅涉及过程中物质转化机制、多单元过程控制与优化协同机制，而且有工业过程强非线性、大滞后、多变量耦合、多模态等不确定性因素以及经济、环境与安全等复杂约束。这对工业过程整体行为的优化运行研究带来很大挑战，难以采用已有的理论、方法与技术，需要研究非线性多目标动态优化决策方法。

（5）开展工业过程安全可靠的智能协同优化控制系统实现技术研究，包括工业过程建模、控制、优化新算法的半实物仿真实验系统研制，一体化实现控制与运行优化、故障诊断与自愈控制的软件平台研制，结合具体工业过程的智能化控制系统实验平台的研制，具有无线通信功能的工业过程嵌入式智能化控制系统研究，建模、控制、优化等算法和智能协同优化控制系统在真实工业环境中的应用验证研究。

3.3.2　智能优化协同控制的关键技术

智能优化协同控制的关键技术如下。

1. 生产全过程的协同优化控制系统体系结构方面

流程工业生产全过程由多个生产单元装置有机连接串行运行的生产全过程组成。生产过程涉及全局运行指标分解、装置之间的协同、装置实时优化和先进控制系统等多个层次。在实际生产中，各个系统独立运行，以各自的局部目标为优化指标来求取各自的最优解。这些局部最优解之间通过具有领域知识和丰富经验的管理人员、工艺技术人员或者工程师来进行协调，从而满足全局的指标要求。从本质上来说，上述管理人员、工艺技术人员或者工程师是具有实际运行知识的知识工作者，他们将生产过程的最小时间尺度的生产指标，转化为空间尺度上的各个装置的运行指标，然后转化为各个设备的过程控制系统设定值，是一个多层次、多尺度的运行控制与管理过程。同时，运行层又涉及不同行业的生产工艺和设备运行知识。因此，建立全局协同优化控制的体系结构，实现原来由知识工作者凭经验进行的指标选择和协调过程的指标协同优化，需要研究全局协同优化运行体系结构与功能，研究全局协同优化运行系统所涉及的模型体系、模型结构与功能，研究多层次多装置间的生产全局协同优化的策略。

2. 生产全过程指标多层次多目标协同优化控制方法方面

如上所述，生产过程涉及多个层次，各个层次以各自目标（成本、利润或收率等）为性能指标的优化只能保证局部优化。为了保证全局的优化，通过具有领域知识和丰富经验知识的管理人员、工艺技术人员或者工程师来进行协调。然而，现有的调度大多依靠人工经验，缺乏与能耗、物耗和排放等相关的优化，也不考虑操作模式的改变，往往导致调度与优化控制脱节，不能有效协调生产。如何从生产全局出发根据生产过程全局目标——全过程的生产指标在时间尺度上进行指标分解与协调，并结合具体的生产流程、装置性能，及时掌握生产动态，合理调配物料和能源，协调和均衡各装置的生产实现全局优化，是企业亟须解决的难题。因此，需要研究分析全过程优化运行性能指标、装置运行指标及控制变量之间的特性，研究如何从工程满意解的实际需求出发，建立生产全过程运行指标优化的性能指标、合理简化的约束方程、描述装置间耦合关系的模型，并结合生产过程运行数据和领域知识来构建基于数据和知识的生产全过程运行优化模型，并对模型参数进行灵敏度分析。在此基础上，考虑多层次、多目标、复杂工况多阶段切换等特性，研究多时间尺度的生产全过程优化运行性能指标的多目标优化控制方法。

3. 动态环境下多装置运行指标多目标动态协同优化控制方法方面

流程工业生产全过程是一个由多装置组成的物质流、能量流和信息流相互耦合的非线性复杂系统。装置与装置之间物质流、能量流和信息流是相互影响、相互耦合的，因此需要考虑它们之间的相互关系，优化协调各自的装置运行指标才能实现全过程的优化目标。然而，装置运行指标和生产全过程生产指标之间的动态特性具有非线性、强耦合、原料性质波动、运行工况频繁变化、难以用精确数学模型描述的综合复杂性，并且受市场环境和生产条件等动态变化因素的影响。生产指标分解转化过程的优化涉及多目标、多约束的非线性动态优化难题。需要分析与识别面向全局优化运行的系统动态因素，分析多装置运行指标间相互耦合关系与特性，研究全过程优化运行性能指标转化为装置运行指标的动态优化分解与协同控制方法。

4. 生产全过程协同优化控制系统实现技术方面

生产全过程协同优化不仅涉及多个层次的系统间指标协同优化，同时还依赖于各个子过程、单元装置生产信息及时有效地反馈交互。现有企业全流程生产线中，往往存在不同厂家的硬件设施，其应用软件系统也是量身定制的，这使得生产过程数据和历史数据大多保留在各自系统内，不利于全厂生产数据的共享，难以发挥更大的作用。因此，既要最大化利用现有的软硬件系统，又要满足海量生产数据存储挖掘、生产全过程协同优化弹性计算的需求。同时，还要考虑工业互联网、移动计算和大数据等最新技术和手段在未来企业中的应用与影响，研究基于工业云计算的全局协同优化运行实现技术。

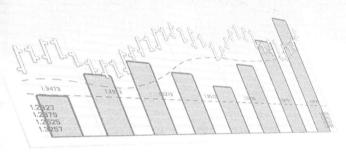

第 4 章　大数据与知识自动化驱动的
生产运行监控与动态性能评价
系统理论与关键技术

4.1　生产运行监控与动态性能
评价的内涵和发展态势

4.1.1　生产运行监控与动态性能评价的内涵

现代流程工业的规模越来越大，生产装置越来越复杂，各生产单元耦合也越来越强。生产过程是由多个工业装备组成的生产工序，其功能是将进入的原料加工为下道工序所需要的半成品材料，多个生产工序构成了全流程生产线。该类生产过程一方面向大型化、连续化、集成化方向发展，另一方面向精细化、集约化方向发展，使得生产过程发生事故的可能性增大，并且过程中的异常波动或事故很难及时被发现，往往导致产品质量严重下降，或者延误生产计划，造成巨大的经济损失，同时也对安全、高效、节能、高质生产提出了更高要求，针对生产各个单元整体运行需要进行有效监控。

生产过程监控的内涵是利用监控信息定期判定待监控对象是否符合预期或者标准，将监控结果反馈给实施监控的对象，在运行监控基础上对生产动态性能进行评价，根据评价结果来对生产决策控制进行调整，实现保障生产及人员安全、提高产品质量和生产效率、降低生产成本、节能减排的目的。

（1）待监控对象可包括决策和管理执行状况、产品质量、能耗物耗、排放等运行指标，以及控制系统性能、人员安全与行为、生产安全、生产环境与关键设备。

（2）监控信息包括生产中涉及的各种信息资源和物理资源，如设备状态数据、过程数据、图像信息、振动声音信息、巡检记录文本信息、决策数据等。

（3）监控的服务对象包括管理人员、生产操作人员、工艺和控制技术人员等。

（4）监控的方式可包括生产全过程监控、巡检、抽样等。比如，对于产品质量、能耗物耗等指标通常采用抽样的方式；对于关键设备状态，通常采用巡检的方式；对于生产运行控制，一般采用生产过程中全过程的实时或近实时监控。

（5）监控的方式为利用过程结果与预期过程目标或历史经验进行比较，并形成统计报告。

（6）监控结果为生产及管理人员对生产状况、设备状况巡检记录为文本，对于产品质量、能耗物耗等在生产管理部门的用于生产管理和决策的计算机上可视化显示。

传统的流程工业过程由 ERP、MES、PCS 三层结构组织生产。就过程监控而言，主要集中于 PCS 这一层次的设备状态、控制性能监控。在常规控制的基础上，采用本地或远程监控的方式对执行器、传感器故障或执行器饱和等控制系统组件失效而引起的系统特征或者变量出现了超出允许范围的偏差进行监控，推断系统是否正常运行，查明导致系统不正常运行或某种功能失调的原因及性质，判断不正常状态发生的部位及性质，预测不正常状态发展的趋势以及潜在的故障，并实时向操作人员报告系统的运行和控制情况，告诉操作人员在当前情况下应怎样进行操作或对生产过程进行监督、干预，指导操作人员进行生产。生产监控具体的实施方式如下。

（1）产品质量和能耗物耗、排放等运行指标的监控。主要是采用控制图（休哈特控制图、累加和控制图、指数加权平均控制图）等抽样检验方式对产品的特性值的分布进行监控，或者对关键指标进行统计计算，从而达到对生产过程的监控。如通过检验产品（结果）来对生产过程进行监控、生产半成品的检验等，属于事后质量监控。主要问题是不能实时监控生产过程。

（2）生产环境和关键设备状态的监控。主要采用人员持检测仪表在生产线巡检的方式，结合声音图像或由监控计算机显示的视频图像信息进行监控。主要问题是人工监控不及时性。

（3）过程运行状态的监控。监控与数据采集（supervisory control and data acquistition，SCADA）一类系统采用本地或远程监控的方式对关键设备状态和过程运行状态单一变量超出允许范围的偏差进行监控。主要问题是该类监控忽略了变量间的相关关系和因果关系，以及人的感知功能在安全监控过程中起到的重要作用，不能全面监控生产全流程优化运行。

（4）生产管理与计划决策的监控。需要实现企业面向市场需求和生产状态决策的协同流程运行监控。主要是由操作人员根据 ERP 和 MES 数据监控优化指标执行是否满足预期效果。监控的内容包括：需要对统计对象数据本身是否存在异常进行分析和判断，此类针对业务数据异常的协同处理流程，主要由数据中心或专业管理人员来进行。但只能监控指标本身，无法分析指标异常原因，监控不及时，无法实现决策、控制、设备多层面的全流程一体化优化运行监控。

（5）人员的监控。一方面是人员安全的监控，比如人员是否处于安全位置；另一方面是人员在岗情况、操作的监控。

流程工业生产过程的运行不仅要求回路控制层的输出很好地跟踪控制回路设定值，而且还有实现设定值优化、运行指标优化和企业综合生产指标的优化。因此，它不仅涉及底层的反馈系统的调节（定值）、伺服（跟踪）问题，而且涉及监控、优化、诊断、调度和规划等。生产运行向上层要满足用户需求、原料状况，向下层又要综合考虑底层控制性能和设备条件。系统往往具有多层次、多目标的生产要求。因此，全流程生产过程除了要对常规的系统组件异常进行实时监控，还需要监控整个系统的决策、协同控制异常等。

所谓决策异常是指企业各级决策部门决策不当或者错误而导致系统运行性能下降甚至崩溃的现象。决策不当完全可能在没有系统组件异常的情况下产生。例如，生产指标的优化决策问题是企业生产过程控制与管理的核心，是计算产品生产能力和编制生产计划的基本依据。一旦生产指标决策错误，就容易导致企业出现生产过剩、产品积压、生产成本增加或者企业订单无法满足等问题。再例如，生产过程中运行条件的变化、原料成分的波动、人工操作错误等因素会对运行产生不同程度的干扰。这些情况下，之前设定的过程运行工作点不再与当前工况条件相匹配。此时，如果底层控制回路的设定值不做调整或者调整不及时，不但会造成产品运行指标无法控制在目标值范围内，某些时候还会严重影响生产过程，使生产过程进入不稳定或停滞状态，造成生产过程不可控的局面。

如前所述，未来流程工业智能优化制造要实现高效化和绿色化，实现生产工艺优化和生产全流程的整体优化，利用智能优化决策系统、生产全流程智能协同优化控制、全流程生产制造进行生产。不仅要监控某个生产单元或者生产层次，而且需要加强企业不同生产单元之间、生产上下游之间，以及管理与生产计划、生产状态、底层设备状态的协同监控，实现全方位的全流程实时动态协同监控与溯源。

因此，生产全流程安全优化运行监控的目标是实现生产安全、过程运行工况、全流程一体化优化控制运行动态性能的监控，其内涵是实现：①生产全流程一体化优化运行的监控，包括对决策控制一体化动态性能的监控、协同优化动态性能的监控、协同控制动态性能的监控、过程运行工况的监控、控制系统动态性能的监控、关键设备状态的监控；②生产安全运行所需环境指标的监控与溯源；③产品质量、安全、排放、泄漏等安全优化运行指标的监控。

在此基础上，利用监控结果对生产全流程安全优化运行进行动态性能评价，目标是实现全流程一体化优化运行的动态性能评价、协同优化的动态性能评价、协同控制的动态性能评价、控制的动态性能评价。

上述流程工业过程运行监控很大程度上还依靠现场操作工人或领域专家才可完成。优点是可以运用人对外界事物的综合监控，确保生产的安全运行。也就是说，人能够利用对图像、声音等信息的感知，对各种复杂的工业生产过程做出正确的决策，即实现对各类故障的预知并进行提前处理。但人往往无法迅速处理大量的生产过程数据，无法利用工业云提供的海量数据信息，无法有效学习全流程生产优化运行的历史。

生产全流程安全优化运行监控与动态性能评价的愿景是利用远程、移动获取描述生产全流程安全优化运行状况的图像、数据、声音、文本等多时空、多尺度历史大数据，全面监控生产运行、过程运行和设备运行的动态变化，智能学习历史大数据的运行工况信息，从而对决策、控制、设备等进行实时可视化监控与动态性能评价，及时预测与监控影响全流程安全优化运行的异常工况，并采用自愈控制手段对决策和控制进行相应调整，使过程恢复安全优化运行。实现上述愿景的主要难点是需要应对生产运行监控准确性、实时性、远程可视性的挑战。

（1）生产运行监控准确性。因为现代流程工业多层面运行、多单元智能协同控制，生产环境具有复杂性，单一层面的信息以及监控方法难以有效准确表征监控对象的运行工况，需要综合利用决策、控制、设备等多层面涉及的图像、数据、文本等多源异构历史大数据信息。

（2）生产运行监控实时性。因为生产决策的目标、指令是企业生产的上游源头，直接关系着企业生产最终产品质量、产量、能耗等最终指标，如果决策目标出现偏差，则生产线控制性能越优秀，最终偏差越不可挽回，因此对生产决策的监控必须是实时的，一旦发现决策问题就可以快速响应得到处理。这一实时性主要体现在两个方面：一方面，针对生产决策监控指标的计算是实时的；另一方面是对生产决策监控的访问是随时随地的。然而，第一方面，针对传统控制系统的监控技术主要目标是监控单个过程控制回路的跟踪性能，其处理的数据为回路控制系统设定值和实际值，实时处理数据量小（一组或几组，采样周期固定），监控指标单一（偏差），已经无法满足决策系统监控的迫切需求，比如决策监控性能指标的变化，包括区间内均值设定，区间上沿卡边控制，区间下沿卡边控制等；监控计算处理的数据量也不再是某一组或某几组，而是依据决策指标相关联的信息海量数据计算得到。因此，针对生产决策的监控算法及其海量数据的处理能力是一巨大挑战。第二方面，传统控制系统监控均需要在生产监控中心进行，依赖于特定专用的计算机安装专用系统和专用监控软件。这使得对于监控信息的查看和使用均受到很大制约，面对瞬息万变的市场环境，企业全流程生产决策必然要及时动态调整，因此对生产决策目标、指令等信息能够安全的、远程化的、移动化的随时随地查看分析是另一个挑战问题。

　　（3）生产运行监控远程可视性。企业生产决策面对的是整条生产线，一个或多个决策目标或决策指令对企业各个生产工序及各个工序之间协同性产生的影响如何表征和可视化是来自企业的迫切需求。然而传统控制监控系统通过简单计算偏差数值的方式难以反映多类关联决策指标和各种关联工序指标的相互影响，而且这种偏差数值可能也只对领域专家更有意义，但是对生产决策过程更加关心的是企业经营者和决策层，比如在市场产品价格或原材料价格波动情况下，企业经营决策层需要更加直观和可视化地监控到企业生产决策是否及时响应，响应效果如何，以便调整企业经营战略，因此面对各类不同用户的生产决策监控信息的可视化，通过人机交互，在多种维度下向用户展示决策相关信息，进而帮助用户及时发现问题、定位决策原因是另一项巨大挑战。此外，现有的工业过程监控系统的服务对象多为现场操作工人，无法满足企业管理人员的需求。随着生产企业对产品性能指标要求的不断提升，企业管理人员希望对生产过程情况进行随时掌握，把生产运营情况同企业的经营决策管理紧密结合，从而实现企业的智慧化生产，因此运行监控需要采用远程和移动的方式实现。利用远程移动监控系统，生产管理者和具有较高知识水平的专业技术人员无须亲临环境恶劣的实际工业现场就可以监控过程的运行状态及各种参数，方便地利用本地和云端丰富的软硬件资源对生产过程进行优化、控制与决策，实现远端的无人或少人值守，确保生产过程安全优化运行,最终使产品性能指标满足要求。

　　大数据与知识自动化相结合进行生产运行监控与动态性能评价是现代工业过程监控系统的发展方向。将传统工业过程监控系统发展为大数据与知识自动化驱动的生产运行监控与动态性能评价系统需要解决的科技难题是:①实现大数据与知识自动化驱动的生产运行监控与动态性能评价系统愿景功能的系统架构和工业过程智能建模、大数据特征深度学习与监控算法;②将云计算等计算机技术和通信技术为代表的计算资源与工艺和工业装备为代表的物理资源紧密融合和协同,实现相应的全流程优化运行监控技术。

4.1.2　生产运行监控与动态性能评价的发展态势

　　就工业过程的监控而言,当前研究方法可分为三大类:基于数学模型的方法、基于数据驱动的方法和基于知识的方法。基于数学模型的方法发展时间较长,相对比较成熟,但主要成果限于简单系统,监控性能的好坏很大程度上依赖于过程模型的准确程度。由于流程工业多层面运行的复杂性、集成性不断提高,严重非线性及强耦合性等特点,基于数学模型的方法在流程工业的性能监控中难以得到广泛应用。属于这类的典型方法包括参数估计方法、观测器方法、对偶关系方法。基于数据驱动的方法近年得到快速发展与成功应用,其以采集的过程数据为基础,通过各种数据处理与分析方法(如多元统计方法、聚类分析、频谱分析小波分析等)挖掘出数据中隐含的信息。基于知识的方法主要是利用人工智能的方法(包括模糊逻辑、因果分析、专家系统等),构造某些系统功能以模仿和实现人类(熟练操作人员、技术人员、专家）在监测控制过程中的某些思维和行为，自动完成整个检测和诊断过程。但是基于知识的方法多局限于小规模系统或单元。

基于数据驱动的流程工业监控的研究与应用于 20 世纪 90 年代以来逐渐兴起。这主要有两方面原因：一方面，随着 DCS 和各种智能化仪表、现场总线技术在工业过程中的广泛应用，大量的过程数据被采集并存储。但是这些包含过程运行状态信息的数据并没有被有效地利用，以致出现了"数据丰富，信息匮乏"的现象。Yarnanaka 和 Nishiya 指出操作者约花费 75%的时间在信号趋势的监控上[60]。另一方面，随着 20 世纪 90 年代以来工业计算机技术和数据库技术的发展，廉价的计算资源和可靠的存储技术为工业数据的分析提供了物质基础。在理论方面，有关数据挖掘的理论和算法也有大量的报道。同时，对工业界而言，随着市场竞争的加剧和环保要求越来越严格，工业界已经意识到必须将现有的数据变为有用的信息，使之服务于生产安全和产品质量控制，以降低成本，提高企业的竞争力。

在基于数据驱动的工业过程性能监控算法中，研究和应用最多的是统计过程控制（statistical process control，SPC）。单变量 SPC 难以描述变量间的相关关系，单一变量单独监控会产生大规模的监控人员难以应对的监控图，而且容易造成误报和漏报。多变量统计过程控制（multivariate statistical process control，MSPC）与单变量统计过程不同的是，它主要包括各种投影降维方法。其基本思想是将由大量测量变量所构成的高维空间投影到维数更少的模型空间。模型空间一般由潜变量所张成。该类方法利用过程正常运行数据建立潜结构模型，根据潜结构关系变化实现过程监控，具有降维、便于可视化的优点，经过二十几年的发展，在流程工业过程监控领域得到成功应用。该类方法利用过程历史运行数据来建立数据相关潜结构模型，以监控设计阶段未考虑的运行工况的变化。

SPC 强调全过程监控、全系统参与，并且强调用科学方法（主要是统计技术）来保证全过程的预防。SPC 不仅适用于运行监控，更可应用于管理过程的监控，实施 SPC 可以帮助企业实现"事前"预防和自愈控制。目前，一些国际知名的控制技术公司分别在它们的控制软件中增加了统计分析和监控模块，如 FOXBORO 公司的 FoxSPC、SIEMENS 公司的 SIMATIC WinCC、Honeywell 公司的 TPS（total plant solution，全厂解决方案）等。

但现有数据驱动的过程监控方法存在几方面不足：

（1）主要是对过程运行单一层面数据静态监控，无法有效处理跨越时空的多层面、多尺度、多模态的流程工业大数据，导致历史和实时数据大多闲置未加利用。

（2）不能综合利用数据、图像、声音、文本、模型信息实现准确动态监控。

（3）需要筛选后的历史运行数据以建立用于监控过程运行的工况模型。

因此，该领域的理论体系并不完善，其关注于过程及数据本身，比如，当异常因素引起的波动发生时，由于生产过程运行控制与回路控制的反馈调整，过程输出产生的波动及时得到补偿，特别当异常波动较小时，SPC 控制图监测不到过程输出的异常波动。上述监控方法不能综合决策、过程、设备，不能综合利用图像、文本、数据信息，未结合人工智能机器学习领域最新研究进展。我们必须紧密结合工程实际，进行相应的理论研究，为过程监控在实际工业中的应用打下扎实的理论基础。

针对全流程多层面监控问题，面向流程工业监控的大数据包括多尺度多杂类不规则采样性、多时空时间序列大数据、不真实数据混杂性等特性，具体表现如下。

（1）过程层面的时间序列数据量极大，变化快，呈现动态时变和多运行模态、含有闭环控制等特点，其下层的设备通常有更高频的电信号和振动监视数据。

（2）产品质量和安全、排放、泄漏相关的运行指标数据不规则，难测量，迟延大，直接关乎经济、安全、环境。间接质量监视（如视频和图像信号等）手段带来大量的数据。

流程工业大数据用于生产全流程安全优化运行监控的现存问题主要在于以下三个方面。

（1）流程工业过程大数据类别繁杂，指标采样不规则。现有的数据建模方法多数集中在对单一层面规则采样数据的建模与分析，不能监控决策、控制、设备间的协同。

（2）"大数据，小分析"的大数据利用现状。计算机技术和传感器技术的发展，使得我们可以存储更长时间段的过程运行数据、设备运行状态数据及产品质量的声音、图像、振动数据等。这些数据可以全面反映生产全流程优化运行动态。但是，目前大数据分析方法局限于过程运行数据简单统计分析，还未能建立从大数据中提取信息用于流程异常工况监控的方法。

（3）运行控制、反馈控制、闭环控制条件下的时间序列大数据分析问题。由于设备层动态环节的存在、控制器和运行反馈的作用，流程工业过程大数据具有大量的时间序列数据。上述时间序列数据虽然直接与过程优化控制相关，数据信息密度大，但难以分析多时空动态时间序列数据的因果关系，从而难以对造成异常工况的原因进行溯源。

应该说，数据驱动的方法比较符合流程工业的特点，通用性强，但由于没有利用过程模型信息和知识，其监测和诊断性能有限。人工知识适合于有大量生产经验和工艺知识可以利用的场合，但通用性差。因此，在流程工业全流程协同优化运行采集到多层面多源异构大数据的条件下，应结合以深度学习为代表的人工智能技术的近期快速发展和成功应用。

（1）通过远程移动监控，图像、声音采集技术，可为反映过程运行提供更全面的数据资源。

（2）大数据、云计算等技术发展，为利用流程工业历史运行大数据实现安全优化运行监控提供了历史长时间段的数据资源和计算资源。

（3）以深度学习为代表的人工智能技术近年取得快速发展，为综合利用多源异构历史多时空大数据，通过知识自动化实现生产全流程安全优化运行监控与动态性能评价带来机遇。

流程工业全流程运行监控的发展态势是，通过将数据与图像、机理有效融合，实现运行工况的全面监控。研究流程工业大数据和以人工智能技术为代表的知识自动化成为实现上述目标的必要途径和手段。

4.2　生产运行监控与动态性能评价的发展思路与重点任务

4.2.1　生产运行监控与动态性能评价的发展思路

对于决策、协同控制，以及复杂情况下的综合监控，传统的解决方案是人在复杂条件下，综合数据、图像、声音等信息，并结合历史经验进行监控，但无法保证优化、准确性和及时性。

在以深度学习为代表的人工智能技术近期快速发展，以及信息物理系统获取多源异构大数据的条件下，生产全流程运行监控与动态性能评价的发展思路是：通过学习人的综合数据、图像、声音等信息进行感知、判断和实施、执行的能力，采用人工智能技术由计算机智能学习现有专家的监控工作，并通过远程、移动等手段将监控信息及时准确地传递给监控相关人员。

具体的实现策略是，从智能优化决策—生产全流程智能协同优化控制—全流程生产制造过程，逐级实现宏观—细观—微观的全方位监控。

（1）宏观上对关于能耗物耗等关键运行指标生产趋势进行监控。企业生产决策的对象是生产全流程，其决策动作直接影响整条生产线，因此生产决策的监控应该对企业生产趋势进行全局监控，这样可以直观反映决策方向是否合理或者判断是否出现偏差。如某种产品市场需求过剩，对生产线各类中间产品、资源消耗的生产趋势监控就可以及时发现这个问题。生产决策对产品线及时进行切换，而不需要等到最终产出产品，无法处理只能积压到库存中。

（2）细观上对控制相互关联作用进行监控。在同一时间，一组协同控制指标分发到生产线不同工序，彼此之间的指令和动作是相互作用的。对上一工序或装置的中间产品输出产量指标的控制直接影响到下游工序或装置的输入处理量。通过交互式关联可视化技术直接监控各个动作的即时反应，可以监控整条生产线不同工序的全局协同控制。

（3）微观上对具体控制回路与生产设备性能进行实时监控。结合上层决策指令、下层设备状况，以及由图像、声音等相关工业大数据描述的生产运行工况信息，利用专用的生产工况动态性能监控算法对生产过程运行情况进行实时动态监控。

4.2.2　生产运行监控与动态性能评价的重点任务

流程工业现代全流程智能优化制造过程的监控面临着以下两个根本挑战。

（1）流程工业企业目标、资源计划、调度、运行指标、生产指令与控制指令的监控多处于人工状态，但人监控的及时性和准确性受限，且未能充分利用生产全流程历史运行大数据信息，特别是难以实现多层面异常监控与溯源。因此，如何将大数据与人工智能相结合，探讨大数据与知识自动化驱动的流程工业全流程优化运行监控与动态性能评价是当前的一个挑战。

（2）流程工业全流程运行监控需要利用多层面多单元的多源异构数据，采用大数据计算架构和远程移动可视化技术实现生产运行监控与动态性能评价算法，但现有的工业计算机网络系统与软件平台严重制约着流程工业运行监控的发展，因此，如何基于移动通信、移动计算和云计算技术实现远程监控、全面感知、协同分析、综合判断、移动监控的系统成为当前亟须应对的另一个挑战。

为此，全流程运行监控与动态性能评价系统的发展应包含下列重点任务：

（1）建立大数据与知识自动化驱动的生产全流程安全优化运行监控与动态性能评价体系架构。

（2）开展大数据与知识自动化驱动的生产全流程安全优化运行监控与动态性能评价方法研究。具体包括决策控制一体化动态性能的监控算法、协同优化动态性能的监控算法、协同控制动态性能的监控算法、过程运行工况的监控算法、控制系统动态性能的监控算法、关键设备状态的监控算法，全流程一体化优化运行、协同优化、协同控制、控制系统性能的动态性能评价；决策、控制、设备的联合监控；基于多时空历史大数据的产品质量、安全、能耗物耗生产指标异常工况的溯源。

（3）大数据与知识自动化驱动的生产全流程安全优化运行监控与动态性

能评价的实现技术研究，具体包括：①多源异构数据远程移动获取与存储、大数据监控方法的分布式计算等；②实现工业过程关键生产和运行指标的预测、异常工况监控理论新算法的半实物仿真实验系统研制；③实现生产环境监控与自愈控制的软件平台研制；④结合具体工业过程的指标监控与自愈控制的实验平台的研制；⑤具有无线通信功能的工业过程嵌入式移动可视化生产环境监控系统研究。

（4）开展基于系统报警、运行数据与图像数据，采用以深度学习为代表的人工智能和知识自动化相结合开展工业过程异常监控与自愈控制技术的研究，为排除运行故障的智能自愈控制系统提供支持。

（5）上述生产监控算法和系统在冶金、钢铁、化工等真实工业环境中的应用验证研究。

4.3　生产运行监控与动态性能评价的重点领域与关键技术

4.3.1　生产运行监控与动态性能评价的重点领域

未来流程工业运行监控系统的重点领域主要在生产全流程运行相关大数据提取方法研究、感知信息与大数据相融合的故障决策与自愈控制研究、具有远程和移动监控功能的安全监控系统的实现技术研究等方面，以及典型流程工业决策监控系统实验验证。流程工业的生产决策往往与某一特定领域知识相关，因此可以将上述研究的监控算法通过移动云计算服务平台以服务方式提供，同时利用多维交互可视技术，研发某一类或某几类典型流程工业决策监控系统，并以实际现场数据进行实验验证。该类系统一方面可以检验监控算法，另一方面还可以测试云服务平台内监控算法的扩展性、采样周期内的高性能计算性，最后通过实际数据表征的工况来验证所研发的可视化监控及定位技术的可用性。

4.3.2　生产运行监控与动态性能评价的关键技术

生产运行监控与动态性能评价的关键技术如下。

（1）模型、图像、数据特征的感知提取与人工智能学习的异常工况监控。

针对图像、声音等多源异构传感器数据，研究智能处理算法来提取原始数据中的关键感知信息。首先，考虑建立传感器信息之间的动态因果关系模型，并提取模型特征；其次，考虑利用图像和声音等长期监控数据提取系统在运行过程中的工况特征；最后，基于传感信息结合信息融合思想，实现模型特征、图像特征和数据特征等的融合来提取各种工况的特征模型。

研究基于模型、图像、数据特征等大数据的智能学习方法，建立上述特征与运行工况之间的关系，从而实现异常监控与动态预测。研究基于时变模型特征的强化智能学习方法、基于动态图像特征的深度学习方法、基于动态数据特征的深度智能学习方法，以及基于模型、图像、数据特征融合的智能学习方法，最后基于智能学习的方法实现智慧的异常监控和动态预测等，实现在实际生产中预测故障的发生，降低故障的发生率。

（2）基于多时空、多尺度大数据智能学习的多运行模态动态性能评估与监控技术。

针对面向异常监控的多时空动态数据建模，为实现异常模态特征匹配，研究单一层面的动态内在主元分析算法来根据动态性依次提取动态潜变量，研究多层面的动态内在偏最小二乘算法，根据对上一层数据的动态预测性依次提取潜变量。在此基础上，根据动态特征变化趋势实现动态性能评估与监控。

（3）基于多层面大数据的运行层、控制层、设备层多层面联合监控技术。

针对流程工业全流程优化运行产生多层面大数据，正常的产品质量和运行数据通常占有特定的运行数据子空间，而不是任意占满全维空间。因此，正常运行数据具有层间共有和层内特有共存的动态潜隐模型结构，异常的指标数据和过程运行数据通常偏离正常状况下的多层潜隐结构。通过对各类层间共有的和层内特有的数据异常进行联合监控，以提供运行决策支持。

（4）基于工业大数据的生产决策监控算法。

生产决策与控制系统回路设定值监控不同，其通常是同时给出一组相互关联指标的一种决策结果。针对不同目标，其决策结果表现形式不尽相同，如某种工况下要求产量越大越好、能耗越小越好、成本越低越好、质量达标即可，对于此类区间控制或卡边控制的指标决策，在去单一的监控决策性能指标的最小偏差、最小方差不仅不能准确反映生产决策的好坏，也难以反映不同决策指标间的相互影响，更加无法判定监控当前决策方案的优劣。而且，在市场需求旺盛的情况下，产量可能越大越好；在市场需求不足时，产能过剩可能导致库存变大，积压成本，此时产量则应维持在一定区间，甚至越小越好。因此，需要以工业生产大数据为根基，通过融合海量数据隐患的市场信息、生产信息、过程关联信息等多维信息，研究生产决策性能指标的监控算法，以便能够真正表征当前决策结果的优劣，为生产决策的监控提供理论依据。

（5）远程、移动监控系统实现技术。

利用云计算技术、计算机视觉技术、无线网络通信技术、人工智能技术等，研究基于工业云的远程、移动安全监控系统的实现技术，实现对企业生产过程中的人-机-物进行实时的安全监控。研究基于工业云的工业现场多源异构大数据的实时采集、传输、查询、存储等技术，实现远程安全数据的实时采集；研究基于云计算技术的感知信息提取方法，实现在云端的服务化；研究基于大数据 MapReduce 分布式计算技术的在线建模和基于云计算的智能异常监控策略在线更新技术；此外，为了易于人机交互和用户理解，需要研究全流程监控系统的可视化展示技术，包括可视化信息的抽取技术、可视化信息的动态显示技术等，实现在手机、平板电脑等设备上工况监控与结果的可视化显示。

（6）多时空时间序列大数据的因果关系分析技术。

流程工业异常工况发生时造成多个可能的原因变量是一个时间序列，传统大数据潜结构异常监控方法诊断出多个可能的原因变量。为了通过分析时间序列间的因果关系来诊断静态异常与非静态异常，在数据潜结构建模的基础上，研究异常因果关系诊断技术和方法。

（7）流程工业过程自愈控制技术。

利用动态系统建模技术、软测量技术、数据与模型驱动的异常监控与诊断技术，通过对复杂工业过程重要运行指标和运行工况的监测和有效控制策略，实现复杂工业过程的自我预防和自治修复。其中，自我预防是通过过程正常运行时的运行工况和运行指标的实时预测、评价和持续优化来完成，在故障发生前及时发现、诊断和消除故障隐患的一系列预防控制和优化控制技术，包括基于复杂工业过程多源异构数据的数据驱动过程状态监测技术、模型驱动的异常监控技术、关键运行指标的软测量技术、过程运行安全评价技术、关键运行指标的优化技术等。自治修复是使过程在受到扰动或发生运行异常工况时维持系统连续稳定运行的能力，不造成系统运行损失，并通过自治修复功能从异常工况中恢复，包括用于恢复正常运行的异常重构技术、用于异常工况情况下稳定运行的容错控制技术、紧急故障情况下的紧急控制技术、不能立刻恢复正常运行工况下的孤岛控制、故障隔离后的恢复控制等。此外，针对智能优化协同控制，需要研究协同控制的自愈控制；针对全流程优化运行，需要研究决策-控制-设备的溯源机制，以及在此基础上的自愈控制技术。

（8）异常工况监控过程与结果的可视化技术。

为了有效实现"人在回路"的监控与决策，需要研究异常工况监控过程与结果的可视化技术。通过决策相关统计图表可视化显示、动态潜结构建模技术提取由动态潜变量、异常工况故障方向描述的特征，采用图像处理技术提取图像特征，并采用虚拟现实与增强显示技术直观显示关键运行状态的动态变化，从而便于操作人员与管理人员从中提取相关运行知识，为有效实现在此基础上的快速自愈控制、异常工况溯源提供支持。

（9）人机交互的多维可视决策监控关键技术。

生产决策过程涉及工业生产整条生产线，此时监控决策优劣的性能指标也很难再依赖某个单项指标的数值表征，而是依赖工业生产大数据。通过研究在多个维度不同视角下对生产决策进行实时监控的技术，使得向不同层次的人员展示决策与实际生产的关联影响成为可能。因此，人机交互的多维可视决策监控技术主要是通过多维关联的视角在三种维度下对决策性能提供实时监控：在宏观维度下，依靠工业大数据分析，对决策影响的生产全流程运行趋势进行实时可视化监控；在细观维度下，对同一组决策指标间的关联关系人机交互可视化监控；在微观维度下，针对某个具体决策指标，对其包含的具体信息和动态特性进行可视化监控。这种通过不同维度下利用人机交互的可视分析技术对生产决策的监控，可以直接实时揭示生产大数据隐含的关键信息，最后不仅实现对生产决策优劣的监控，还可以对影响优化决策的性能瓶颈、导致决策优劣的原因通过人机交互方式直接可视化定位，并及时通过智能终端远程推送报告，使得企业决策监控打破时间和距离的限制，真正对企业经营层、决策层、生产层友好易用。

（10）基于移动云计算的决策监控云服务平台。

企业生产全流程优化决策使得企业各个工序间能够协同生产，同时需要各个不同子系统间有效集成。因为子工序内孤立优化不能实现整条生产线的全局优化，而且频繁的决策过程产生大量超出子工序的交叉决策操作记录。

因此企业生产决策监控系统需要合并、分析、协同处理各种来源的企业决策数据。而且，企业决策数据经常由异构系统生成和处理，它们运行在不同操作系统平台上，甚至使用不兼容的数据交互标准。此外，连续运行的分布式生产决策可能产生大量的决策事件数据，这些数据使用传统的存储系统不能有效地管理和挖掘海量的关联决策记录信息。因此，只有充分利用新兴的大数据和云计算技术，研究建立基于移动云计算的决策监控云服务平台，将决策监控涉及的计算和信息存储等密集消耗型资源通过云端采用服务化提供，将决策监控涉及的可视化展示与人机交互等便携消费型资源通过移动智能终端提供，才能既屏蔽异构系统决策信息来源的差异，又使得越来越多层次（管理层、决策层、经营层和生产层等）的企业人员能够随时随地对企业决策过程在不同维度多尺度下进行实时监控。

第 5 章　大数据与知识自动化驱动的流程工业虚拟制造系统理论与关键技术

5.1　流程工业虚拟制造系统的内涵与发展态势

5.1.1　流程工业虚拟制造系统的内涵

虚拟制造与实际的物理制造过程相对，是借助计算机模拟制造过程的技术。其主要作用是检验工艺设计、预测产品品质、评估制造过程中决策与控制方案的优劣，最终增强制造过程的决策控制水平。

目前，在流程工业，面向智能优化制造模式的虚拟制造系统主要作用于两个方面：①生产全流程整体优化；②生产工艺优化。虚拟制造在这两个方面的内涵有所不同，具体说明如下。

1. 虚拟制造是基于大数据和知识自动化的生产全流程整体优化必不可少的检验手段

如前所述，生产全流程整体优化是在全球化市场需求和原料变化时，以高效化和绿色化为目标使得原材料的采购、经营决策、计划调度、工艺参数选择、生产全流程控制实现无缝集成优化，使企业全局优化运行。流程制造系统通常包含多个工艺环节，系统全局最优不能以各单元或工序的最优简单加和。

由于流程工业制造过程机理过于复杂，缺乏严格的数学模型；过去针对单一装置采用的"搞清机理、建立模型、基于模型优化"这一模式难以实际应用于整体流程制造过程的优化。基于大数据和知识自动化的智能优化制造模式，利用大量从数据和人工经验中提取的知识来实现优化，但尚无法从机理角度严格证明其决策准确、可靠和最优，又不适宜在实际生产中直接检验。这就需要在虚拟制造系统上，对智能优化决策系统、智能运行优化控制系统、智能安全监控的决策系统的执行效果进行检验和评估，再用于实际生产。

由于研究所面临的对象发生了本质的变化，采用传统的方法只是把这些复杂工业系统中的控制回路单独抽取出来，进行控制系统的设计已无法保证整个系统的优化运行。要使系统优化运行首先需要解决的是复杂流程工业系统的研究手段和实验手段。虚拟系统是针对现实系统的模拟系统，它是反映实际系统部分本质特征的人工系统。基于虚拟系统建立流程工业虚拟企业可以在计算机上实现，且对涉及生产过程的各个层次各个方面（从企业经营决策、协同优化、智能控制、安全监控）提供全方位支持。虚拟企业不是原有针对单个装置或生产环节仿真技术的简单组合，而是在相关理论和已积累知识的基础上对制造知识进行系统化组织，对工程对象和制造活动进行全面建模，采用计算机仿真来评估设计与生产运行活动，其内涵如下。

（1）面向化工、冶金等典型流程制造企业，研究基于大数据和知识自动化驱动的虚拟制造系统，开发基于大数据、知识和云计算的虚拟企业系统仿真平台。

（2）建立面向智能决策协同、智能协同控制与安全监控的仿真验证系统，为企业的经营决策、计划调度及生产运行优化与控制技术提供验证支撑平台。

对建模、仿真、可视化、虚拟现实、高性能计算等技术综合应用，以增强生产决策与控制能力。经过验证的虚拟系统能够真实反映复杂工业系统运行模式与动态特性，能够模拟正常工况、异常工况和极端工况，为复杂工业系统优化运行的新一代的控制理论与方法提供实验、观测、评估手段。

建立虚拟企业能够为复杂流程工业系统发展新的建模、控制理论与方法提供必不可少的科学实验手段，虚拟企业可以用于企业决策、协同优化与安全监控新技术的评估和验证。利用数据、机理、可视化技术相结合研制高耗能装置的多尺度动态特性虚拟系统,有助于了解流程工业复杂生产装置内部多场耦合现象,有助于理解能量流、物质流与信息流三流相互作用规律。工程实践中,虚拟企业可以和实际的生产管理与计算机控制连接,为流程工业智能优化协同控制系统的运行与管理提供软硬件结构和控制参数优化配置,为复杂工业过程决策与协同优化管理提供设计、性能测试与评价标准,为安全监控提供新的可视化手段,为相关生产过程进行故障诊断、能源统计分析与预测、排放物检测与预报、企业资源计划与制造执行系统提供实验手段。

2. 虚拟制造是实现工艺设计优化的一种新的实验模式

我国流程工业生产工艺研究和新产品的开发还停留于生产试验和实验小试,远未实现数字化的虚拟实验。物理实验经济代价高,适用于局部流程的工艺设计分析,而且易受材料成本、安全性、设备条件等诸多因素限制,难以获得完备的评估结论。

依托经过验证的虚拟制造系统开展虚拟实验,可以与物理实验形成互补。虚拟实验是利用计算机执行的数字化实验,能够在更大的参数空间和设计维度内寻找最优的设计方案,还能用于分析无法进行物理实验的极端情况,具有安全性、经济性、可重复性等特点,这都是物理实验模式无法比拟的。此外,将虚拟制造系统、实时生产过程数据、多源传感信息结合,刻画物质流、能源流与信息流的动态相互作用,用可视化技术予以直观展现,可以为流程工艺设计提供新的视角。

5.1.2　流程工业虚拟制造系统的发展态势

1. 存在的问题和挑战

目前，在流程行业，虚拟制造已经被公认为过程设计和优化的非常成功的工程工具。从这个角度讲，虚拟制造技术发展水平也反映了一个国家流程工业的强弱。

在美国、英国、德国、日本、澳大利亚等流程工业强国，虚拟制造系统已经广泛应用于从生产工艺设计到生产运行过程的控制、决策等各个环节，用于评估工艺设计、方案优选、控制系统测试、在线指导等任务。尤其在化工、炼油等行业，虚拟制造系统已发展得较为成熟。

但是，与离散行业相比，虚拟制造在流程行业的应用，无论深度和广度均远远不及。这其中主要的原因是流程制造过程难以数字化建模。

离散工业为物理加工过程，产品可单件计数，加工过程可分割。离散制造过程的模型主要是反映产品几何形态、运动规律的模型，易于数字化。与离散制造过程不同，流程工业制造过程中，原料进入生产线的不同装备，经过连续物理、化学反应和形态变化，形成最终产品。流程工业的产品难以计数，加工过程不易分割。其产品品质的指标，如物质含量、浓度、组分、粒度分布等，均反映的是物质的物理性质、化学性质。用于流程工业虚拟制造的生产过程数字化模型，必须能够反映物质的连续物理、化学变化、形态统计特征与加工条件、外部干扰之间的关系。

相比于离散工业，建立流程制造过程数字化模型更具挑战。主要是因为：一方面，受到观测手段、实验手段、基础研究发展水平的限制，一些流程工业制造过程的机理仍然不是很清楚，影响产品性质的条件、扰动因素太多，无法逐一用数学模型描述，只能从宏观角度建立静态的、描述性的模型，还没有办法从微观机理出发建立动态的、严格的精确机理模型；另一方面，对于一些特定的生产过程，尽管能够开发较为准确的机理模型，这类技术一般是从微观角度建立的分子动力学、流体动力学、离散元模型，解算代价太大，只能用于小体系模拟，无法扩展到生产规模的装置和生产线，更无法在线、实时地指导生产。

2. 发展现状和态势

流程行业虚拟制造系统的研发，周期长、成本高，需要通过大量实验建立材料物性和热力学数据库，而且针对特定行业和工艺开发系统，不易复用。

我国从 20 世纪 60 年代开始，主要针对石油、化工行业特定装置、工艺流程研发过程模型及软件包，开展研究的主体是各大设计院和高校，如中国石油兰州石化公司石油化工研究院的合成氨模拟程序、北京石油化工设计院的催化裂化模拟软件。但是，发展到今天仍未形成有行业影响力的、具有自主知识产权的商业化系统。

从美国的经验看，虚拟制造系统研制初期，需要国家力量的投入。例如，在化工和石油领域内非常成功的 Aspen Plus 虚拟工程系统，源于美国能源部 20 世纪 70 年代后期在麻省理工学院组织的会战所开发的第三代流程模拟软件，1982 年 ASPENTECH 公司成立，将该软件商品化。目前，在化工、冶金、油气、能源等主要流程行业，商业化虚拟制造软件基本上均由美国、英国公司所垄断，例如化工、炼油行业的 Aspen Plus、Pro/II、HYSYS、gPROMS、ChemCAD，冶金行业的 METSIM 等。

3. 新的发展机遇

近年来，信息技术与工业化呈现加速融合趋势。面向智能优化的流程工业虚拟制造，为建模、计算、分布式协同、虚拟可视化等技术带来新的挑战。流程工业虚拟制造作为一种管理需求与信息技术的结合体，受到几方面的影响，比如，企业以提高生产效率和效益为目标的内生驱动力，来自技术发展的外部刺激而产生的新需求等。同时，信息技术的发展，如云计算、虚拟现实、大数据建模等，也为虚拟制造技术提供了新的发展机遇。其主要发展态势体现在以下几个方面。

1）工业大数据带来的挑战和机遇

工业大数据是指在工业领域信息化应用中所产生的大数据。随着信息化与工业化的深度融合，信息技术已渗透到工业企业产业链的各个环节，工业企业所拥有的数据也日益丰富。信息技术和全球工业系统正在深入融合，使各个流程工业行业产生深刻的变革，创新企业的研发、生产、运营、营销和管理方式。生产设备所产生、采集和处理的数据量远大于企业中计算机和人工产生的数据，从数据类型上看也多是非结构化数据，生产线的高速运转则对数据的实时性要求更高。将虚拟企业系统与大数据资源充分结合，用于产品创新、运行优化、企业生产决策、故障诊断与预报、供应链优化和产品精准营销等各个方面，是近几年发展的主要趋势。

现代化流程工业生产线安装有数以千计的各类传感器，来探测温度、压力、热能、振动和噪声。传感器每隔几秒就收集一次数据，利用这些数据建立虚拟生产过程，通过对虚拟对象的多种形式的分析，可以进行装备诊断、用电量分析、能耗分析、质量事故分析（包括违反生产规定、零部件故障）等。例如，利用大数据技术，建立案例流程工业生产过程虚拟模型，仿真并优化生产流程，当所有流程和绩效数据都能在系统中重建时，这种透明度将有助于制造商改进其生产流程和操作水平；在能耗分析方面，在设备生产过程中利用传感器集中监控所有的生产流程，建立基于数据的工况模型，能够有助于发现能耗的异常或峰值情形，由此便可在生产过程中优化能源的消耗，在对所有流程进行分析时尽可能降低能耗。

2）企业信息的可视化与实时监控

随着信息化进程的不断推进，信息技术对传统产业的渗透成为提高现代制造企业生产力的重要手段。信息可视化是可视化技术中的一个重要研究方向，也是处理大规模数据、提高人类认知能力的有效途径，尤其适合流程工业可视化仿真中的多层次物流关系呈现及针对大规模的抽象高维数据的认知增强。ERP、MES、实时数据库等技术开始在流程工业中广泛应用，应用系统中的数据规模增长迅速。同时，这些数据表现为不同的信息粒度，如不同的时间粒度、不同的空间粒度、不同的组织机构粒度等。我们把这些数据称为多尺度数据。但是数据分析能力却未得到很大的提高，这种不对称的发展造成了目前企业信息过载现象，因而如何对大量的多尺度数据进行有效分析成为企业生产经营面临的重要问题。信息可视化技术通过对抽象信息提供计算机支持的、交互式的、可视化的表示形式，不断增强人们对于日益增长的复杂信息的认知能力，成为人们解释现象、发现规律、辅助决策的强有力工具。各种图表已经在商业智能（business intelligence，BI）中获得了大量的应用，主要用于信息的可视化呈现、查询、统计、分析，为商业智能系统提供决策支持。

然而，在对流程工业多尺度数据进行可视化分析和处理的过程中，由于使用者的知识背景、业务范围、角色和偏好不同，他们对于数据可视化的需求通常具有很大的差异，因此对于数据的可视化表征也有不同的需求，而且这种需求还有可能随着时间的推移发生变化。同时，使用者关心的数据往往具有不同的尺度和数据来源，他们希望能够将这些数据组织在一起，按照自己的需求来选择数据源进行可视化，更好地对这些多尺度数据进行分析。因此，如何灵活满足用户对于可视化表征和数据源的定制需要，成为目前急需解决的重要问题。

此外，工业监控系统的使用对象、功能需求正在发生变化：一方面，DCS/PLC 控制系统、智能仪表、现场总线等技术已经在流程工业中得到广泛应用，生产自动化水平大幅提高，保证生产正常运行需要的操作人员比原来更少。另一方面，技术进步与市场竞争促使流程工业系统朝着大型化、集约化、连续化方向发展。生产经理为了确保整体生产运行在优化的状态，需要监控更大范围的生产作业过程情况，为其生产优化决策提供支持。传统的以底层操作员为使用主体，以局部生产过程为监控对象的工业监控系统已经难以满足新的需求，亟须发展新的、智能化的工业监控系统技术。智能工业监控系统主要面向高级别决策者，如生产经理、部门经理，为其生产决策提供支持。基于虚拟增强与机器视觉的智能工业监控系统，通过利用大数据、云计算、增强现实等最新的信息技术，在传统的监控功能之上增加了新的功能：

（1）支持移动终端监控功能，为移动决策提供支撑；

（2）提供关键工艺过程的可视化功能；

（3）针对更大范围生产过程异常工况诊断和预报功能。

总之，新的信息技术为解决面向智能优化的流程工业虚拟制造中遇到的问题提供了新的可能。充分利用这些技术，并与我国流程工业发展水平相结合，将助力我国实现从流程工业大国向强国的跨越。

5.2　流程工业虚拟制造系统的发展思路与重点任务

5.2.1　流程工业虚拟制造系统的发展思路

发展面向流程工业智能优化制造的虚拟制造系统技术，需要充分考虑我国资源禀赋、流程行业工艺特色、科研技术水平等综合因素，主要的发展思路如下。

（1）流程工业虚拟制造系统为流程工业企业的智能优化制造服务。流程工业虚拟制造的发展需要以服务《中国制造 2025》总体思路为目标，着力提升流程企业发展的质量和效益，通过虚拟制造系统保障新的技术和方法的工程应用。

（2）流程工业虚拟制造系统与具体行业密切结合的原则。不同工业领域，其生产制造过程的原材料、工艺流程、产品形态不同，在决策、优化、控制、安全等方面的处理方式和侧重点不尽相同，虚拟制造的实现和应用价值各不相同。即使同一工业领域的不同生产流程，其企业决策与运行方式也有较大差异。虚拟制造必须将工艺知识、决策偏好等具体信息嵌入模型，在系统开发中充分考虑实际应用需求，才能更好地服务智能优化这一总体目标。

（3）流程工业虚拟制造系统与工业数据/大数据结合。流程工业企业高度复杂，没有系统的、足够精确的模型，也不能建立可以解析的预测系统短期行为的模型。建立虚拟制造的模型必须充分利用已有的数据。而我国流程工业企业已经积累大量的数据，并且在不断积累新的数据。这些数据来自产品设计软件工具、生产装备运行过程、产品质量监测设备、企业管理信息系统、供应链与销售网络等。这使得建立数据驱动的虚拟制造系统成为可能。

（4）考虑人的因素。流程工业企业不仅包含大量的工程系统（如生产装备、工艺、自动控制系统），也包含复杂的人的行为（如管理过程、决策过程、人工操控过程）等。人与用于生产的工程系统是协作关系，人的行为会影响工程系统的运行，反过来工程系统的运行也会影响人的决策。由于人的决策、管理、操作行为具有不确定性，难以用数学模型刻画。因此，面向流程工业的虚拟制造系统，必须考虑人-机协作系统的特点，提供人机交互功能，使得人的行为也能在系统中得到体现。

5.2.2　流程工业虚拟制造系统的重点任务

在我国，发展流程工业的虚拟制造技术，最根本的目的是提升我国流程工业技术水平，提高企业的竞争力。但是，现状是我国虚拟制造技术水平与国际先进水平差距在加大，来自产业和学术的研发力量分散、薄弱，缺乏强有力的研发主体力量。为此，我们的重点任务有以下两方面。

（1）重点研究面向全流程整体智能优化制造的虚拟制造技术。虚拟制造系统着重于工艺优化和全流程整体优化两个方面。在本书中，我们将重点放在整体智能优化制造方面。这是因为，尽管目前我国流程工业与国外企业在装备和工艺水平方面的差距正在逐渐缩小，但在生产运行决策与管理水平上的差距依然明显。这也是导致我国在主要的流程工业领域（如冶金、化工、石油工业）大而不强的主要因素。我们提出面向全流程整体的智能优化制造模式，就是要提高生产运行的决策与管理水平。开展这方面的研究，迫切需要相应的虚拟制造系统工具来支撑智能决策、运行优化与智能监控方面的应用。

（2）重点研制具有统一开放接口的虚拟制造系统平台。我国目前缺乏具有自主知识产权的虚拟制造平台环境，科研院所都在独立开发模型，缺乏统一的接口规范，无法互操作；模型之间、数据库之间存在着标准不统一的混乱局面。结果是虽然不断推出单元模型，但是无法积累形成合力，难以形成能够满足行业实际需求的全流程的虚拟制造系统。因此，我们可以借鉴"互联网+"思维，研制开放的、可扩展的虚拟制造系统平台，通过统一的数据接口和模型互操作接口，使得不同机构间的模型能够互联-互操作。依托该平台，将国内相关研究力量和成果汇集起来，逐渐丰富针对不同流程行业的模型库、评估方法库，最终形成面向不同行业的虚拟制造系统。

5.3 流程工业虚拟制造系统的重点领域与关键技术

5.3.1 流程工业虚拟制造系统的重点领域

虚拟制造系统未来的发展重点领域是冶金、有色和选矿工业。

在美国、英国、德国、日本等，化工、石油炼化等行业一直是其支柱行业，而冶金、有色和选矿等行业在国外的产能一直在萎缩，中国早已成为这些领域工业总量最大的国家。我国的冶金、有色和选矿工业普遍存在高能耗、高污染、整体生产决策水平低等问题，迫切需要引入智能优化制造模式提高生产制造效率，实现节能降耗和绿色制造。在化工、石油炼化等领域，生产优化与虚拟制造技术发展较为成熟，但在冶金、有色和选矿等领域，国际上可供借鉴的虚拟制造技术仍存在许多空白。

综合考虑我国产业现状、产业升级的需求以及国内外技术发展现状，应该优先重点发展针对冶金、有色和选矿工业的虚拟制造系统技术。

5.3.2　流程工业虚拟制造系统的关键技术

1. 大数据与知识驱动的流程工业虚拟制造系统模型与评估技术

（1）面向智能决策、智能协同控制、智能控制和安全诊断监控仿真验证的多工序、多设备、多工况切换的生产过程混杂动态过程建模技术。

建立流程各个生产环节的传质、传热、传动和反应动力学模型、调度过程离散事件模型，计划过程的随机过程模型，开发协同软件，实现不同模型的集成，形成流程生产过程的全信息模型。由于流程工业生产不同，生产环节、层次之间存在逻辑上的协同关系，而仿真的目标是要帮助了解复杂系统的行为并指导决策，因此需要将决策优化指标嵌入模型的设计中，通过实验设计功能，反算求解最佳的生产决策参数，并通过对当前给出决策指令的反复仿真评估，分析其生产效果及安全性。

（2）面向流程工业（计划）调度、生产运行与控制的多尺度建模技术。

流程工业生产的计划、调度以及生产运行控制具有不同的时间尺度。例如，底层控制的动态特性通常是分秒级，调度过程的执行是在小时级，而计划层次则以天、周为时间周期。对这样包含多个不同时间尺度的对象进行模拟，不能够采用现有的在单一尺度上发展的方法，因为它不能够准确刻画不同时间尺度之间的联系。引入多尺度建模方法，揭示系统不同尺度的行为特征和它们之间的动态关系，已成为必然的发展趋势。

（3）流程生产运行过程的粗粒化、分布式仿真计算技术。

复杂流程生产企业生产运行系统的应用遵循总体设计、分步实施的原则。建立与生产应用环境一致的工程化的全生产过程仿真实验平台，必须能够协同不同尺度生产运行的动态特性。传统的针对特定层面对象模型的仿真方法难以反映出全局联动的内涵。因此需要研究基于生产过程物流、能量流、价值流连接模型的全流程仿真建模方法，建立虚拟的执行机构与检测仪表模型库。由于虚拟生产流程仿真包含面向流程的生产指标分解模型和面向不同单元的多种工艺设备模型，它们的表现形式不同、建模分辨率不同，并且分布在多台计算机上协同运行。为了确保工程上的可用性，仿真系统需要具备超实时仿真的能力，这需要研究针对小时间尺度对象的快速的、粗粒化的仿真计算技术。

（4）基于全流程虚拟制造系统的生产动态分析与性能评估体系。

针对全流程各过程控制系统的结构，建立基于时域、频域和多元数理统计的各控制单元的动态分析与性能评估方法，为各单元控制系统的性能（跟踪设定值性能、抗干扰性能、稳定性能等）提供有效的评估方法。形成单元运行动态分析和性能评估方法库。建立基于各单元控制系统跟踪误差方差与熵的计算方法，形成各单元动态系统性能评估的最小方差和最小熵准则。采用多变量线性和非线性主元分析方法建立综合技术和经济指标与各单元控制系统跟踪方差与熵之间的定量关系，在此基础上，结合能量流模型研究影响综合技术和经济指标的各过程变量的排序，形成关于全流程的性能评估方法。

针对全流程生产运行结构，将模型库与优化控制方法库相结合，建立全流程控制变量及控制回路跟踪误差的方差传导模型,产品质量(产品品位、能耗和回收率)的随机分布动态分析及性能评估方法。在此基础上,建立各单元能耗和控制回路设定值之间的动态数学模型,以评价全流程的动态能耗响应。考虑流程生产过程所具有的综合复杂性(物质流和能量流的高度耦合、过程机理复杂、过程变量维数高),采用高维数据降维方法,建立生产指标、能耗与各单元控制回路跟踪设定值性能的降阶数理统计模型,形成以优化综合生产指标和节能降耗为目标的评估准则。

2. 基于"互联网+"模式的流程工业虚拟制造开放平台技术

(1)建立基于开放平台的行业模型库。

基于"互联网+"的发展模式,生态是非常重要的特征,而生态的本身就是开放的。推进基于"互联网+"模式的虚拟制造平台技术,其中一个重要的方向就是要把过去制约封闭的模型、数据打通,把孤岛式模型连接起来,使其能够互操作、互联通,使得平台能够成为流程行业模型研究者共同开发、发布和集成的平台。

模型库、优化评估方法库、性能评估方法库是虚拟制造平台的核心。这些库提供了流程生产过程的常用模型、优化评估方法和性能评估方法。在应用虚拟制造平台进行智能优化方法验证时,需要根据具体的工艺流程对模型库中的模型进行适当的配置,组态搭建过程模型,通过扩充、调用优化评估方法库和性能评估方法库,实现针对具体工艺过程优化控制方法的仿真验证与性能评估。由于模型库、优化评估方法库、性能评估方法库采用的构建方法和技术不同，存在不同的信息表示方式、接口和调用方式。因此，关键问题是针对不同的库，研究它们统一的表达形式、调用约定、运行机制以及库的配置、增、减、删、改机制，最终实现库管理的工程化。

（2）面向行业的虚拟制造系统组件化及虚拟对象组态技术。

为了设计可重用、可组合的流程工业生产过程虚拟对象，需要考虑它的组合层次，设计统一的形式化接口和行为规约，以便自动检测模型组件的语法和语义层面的匹配性和有效性。此外，需要为不同结构的模型建立统一的表示形式。抽象化、标准化和规范化是实现模型重用的科学基础。建立系统模型组件的统一形式化描述能够为其组合、求解、一致性检测提供可程式化处理的信息结构。实际流程生产过程不同层次问题对于组合仿真系统既有形式上的要求，也有行为上的要求。前者要求每个模型组件遵守公共接口规约，后者要求通过组合得到的虚拟制造系统整体仍然满足特定的应用要求。采用组合的方式搭建虚拟制造系统，需要将不同来源、不同类型的模型对象通过统一接口实现过程参数的传递连接；不同模型的求解和时间演进机制各异，还需要通过模型变换实现组合仿真的统一调度；在工具支持下检测组合的系统在整体上是否仍然满足实时性、可达性等应用的需求。

3. 面向流程工业虚拟制造的可视化技术

（1）流程工业过程数据和信息可视化技术。

数据和信息可视化技术指的是运用计算机图形学和图像处理技术，以图形或图像的方式显示数据，并通过显示界面进行交互处理的理论、方法和技术。在流程工业的虚拟制造系统中使用该技术的具体形式就是将虚拟制造执行过程中产生的数据以及计算结果转化为图形或图像，从而使用户通过视觉感知的优势获得对仿真过程直观且深入的了解。这些静态或动态的图形和图像具备一定的交互功能，允许用户在运行过程中或结束后与系统进行交互，从虚拟制造系统所产生的大量数据中提取信息并进一步获取知识。针对流程行业的特点，建立适合于流程工业大数据的信息可视化模型，并研究通过虚拟现实技术和增强现实技术开发适用于流程行业仿真的交互系统，使得虚拟制造系统的输出更加高效直观。

（2）面向流程制造过程的快速自动三维建模技术。

传统的工厂虚拟模型的建立过程往往是利用人工到工业现场拍照，然后用手动建立虚拟模型的方式进行三维模型创建。传统方法存在建设周期长、任务量大、模型不够逼真等问题。针对大规模流程，工业工厂需要建立准确、逼真的可视化三维模型，研究基于图像和激光数据的快速自动三维可视化模型建立技术，并能够针对流程工业中广泛存在的管道、炉窑等设备预先建立模型库，自动将扫描重建的不精确模型替换生成精确模型，从而实现大规模流程工业场景的快速自动三维可视化建模。

第6章 支撑大数据与知识自动化的新一代流程工业网络化智能管控系统

6.1 新一代流程工业网络化智能管控系统的内涵与发展态势

6.1.1 新一代流程工业网络化智能管控系统的内涵

国际上流程工业自动化系统主要基于国际自动化学会（International Society of Automation，ISA）1995 年发布的 ISA95 模型来构建。该模型基于业务分层的方式将企业商务逻辑和生产系统操作控制集成在一起，定义了管理、控制之间统一数据模型和信息交互模式，如图 6.1 所示。在此模型基础上工业界逐步形成了包括企业资源计划（ERP）系统、制造执行系统（MES）、过程控制系统（DCS/PLC）的管控系统技术和产品体系。

图 6.1　工业自动化系统 ISA95 模型

虽然工业自动化系统的信息化程度已经较高，但由于信息系统离散特征与物理生产系统连续特征之间的差异性，工业自动化系统技术体系各环节间存在鸿沟，需要人工干预。在运营服务层面，负责管理制造网络的供应链管理（supply chain management，SCM）系统、客户关系管理（customer relationship management，CRM）系统、订单管理系统（order management system，OMS）与生产系统的 MES 和 DCS 之间存在鸿沟，当市场需求变化导致制造网络结构发生重大变动时，必须由人工方式对生产系统的 MES 和 DCS 进行重新配置才能生产出符合市场需求的产品；在工艺设计层面，工艺设计面向流程制造产品的物理、化学等特性进行设计，而具体的系统实现需要面向信息系统的现场总线拓扑设计、组态与 PLC 编程，设计工具与实现工具之间存在鸿沟，当工艺参数发生变化时，必须由人工改变现场总线拓扑，重新组态并进行 PLC 编程；在生产控制层面，面向管理的 ERP 系统、MES 根据业务流程设计，而面向控制的 SCADA 系统、DCS 根据生产过程被控对象设计，管理信息系统与物理控制系统之间存在鸿沟，目前只通过 OPC（用于过程控制的 OLE）进行简单信息交互，当 ERP 系统业务流程发生变化时，SCADA 系统、DCS 的改变必须由人工进行重新组态。

目前，我国流程工业正向着全流程优化、绿色化方向发展，以大数据技术、知识自动化为代表的新兴技术为解决我国流程工业面临的原料变化频繁、工况波动剧烈、企业生产不能快速跟踪市场和需求的动态变化等挑战性问题提出了全新的思路和解决方案。而现有的工业自动化系统架构难以支撑大数据和知识自动化的发展，其局限性主要体现在以下几方面：

（1）难以获取"全景化"的生产信息，当前的自动化系统，信息获取主要由 DCS 完成。一方面，DCS 增加测量点的成本较高，另一方面，MES 从 DCS 中取数只能通过 OPC，需要人工配置，灵活性差。

（2）不具备处理大数据的能力，当前自动化系统的 ERP 系统、MES 运行在企业的服务器中，其数据处理能力一般在 TB 级，而随着大数据发展，未来企业需要具备处理 PB 级数据的能力。

（3）难以实现协同控制和全流程优化，工业制造过程是由一系列紧密配合的工业装备和加工工序组成，需要各工序的过程控制系统实现协同优化，才能更好地实现全流程生产线综合生产指标的优化控制。而当前自动化系统的水平分块、垂直分层的架构，实际在企业内部形成了多个信息孤岛，在这些信息孤岛之间进行协同优化必须要靠人工操作，难以自动化地完成。

（4）人机交互不够自然和移动互联不够完善，当前自动化系统是以工业过程为中心的计算机和通信系统,其设计的出发点是减少人的干预以尽量避免人为错误。尽管也减轻了人的工作负担,但对人机交互的支持较差,缺乏自然交互。尽管以移动互联为代表的信息和通信技术已经在家用和商用人机交互领域取得了突破,但囿于无线信道的固有特性,移动互联在工业系统中才刚刚起步,还不够完善。因此,传统流程工业自动化系统需要进行变革,建立新一代的流程工业网络化管控系统。与此同时,新一代信息通信技术迅猛发展,正在深刻改变现有工业自动化系统。

(1)移动互联网迅猛发展从广度和深度上丰富了工业自动化系统获取信息的手段,传统上基于现场总线、工业以太网的工业控制网络无法获取的信息,都可以借助移动互联网以灵活、可移动、泛在的方式获取。

(2)云计算的发展提高了系统存储、处理海量数据的能力,工业云能够提供透明、弹性的云服务,为海量数据、虚拟资源的分布式存储和处理提供了重要支撑。

(3)工业大数据提升了系统分析数据的能力,通过对工业自动化系统大量历史数据的分析,可以对系统的健康状况进行预测,实现系统的预测性维护;通过对系统运行数据的实时分析,可以实现流程制造各个环节的协同控制。

(4)制造流程知识自动化提高了系统的智能化程度,能够取代知识型工作者的决策过程,实现知识型工作决策自动化。

显然,ICT 的迅猛发展为发展新一代的流程工业网络化智能管控系统提供了技术支撑,使之成为可能。

为此,本部分提出如图 6.2 所示的支撑大数据与知识自动化的新一代流程工业网络化智能管控系统。

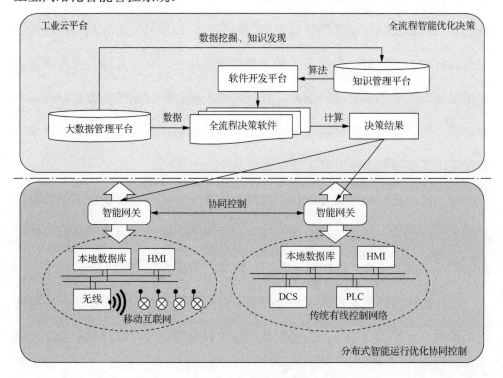

图 6.2　新一代流程工业网络化智能管控系统

新一代流程工业网络化智能管控系统的主要特征是改变了传统工业控制系统三层架构模式,采用更为扁平化的双层架构,即智能优化决策与分布式智能运行优化协同控制一体化的双层扁平架构。

一方面,底层基于智能网关构建面向流程制造工序的自治多智能体系统实现分布式智能运行优化协同控制,其中:

(1)纵向上,智能网关实现设备接入、全面感知域内各类数据和信息,预处理之后向云端传输,同时直接接收全流程优化决策设定值,对域内工序过程施以控制，实现本地和云端纵向协同；

（2）本地内，智能网关依据决策设定值控制域内多智能体，完成本地实时感知、决策，执行闭环控制，实现域内协同；

（3）横向上，工序之间通过智能网关交互完成协同控制，实现工序间横向协同。

另一方面，上层工业云平台实现全流程智能优化决策，其中：

（1）大数据管理平台对流程工业各类数据进行统一组织、管理，为知识挖掘提供数据服务，即统一的数据和知识体系；

（2）知识自动化软件开发平台提供知识模型库、软件开发工具、应用程序接口（application programming interface，API）函数和开发语言，即高效灵活的软件开发模式。

当然，发展新一代的流程工业网络化智能管控系统也对 ICT 提出了挑战，主要体现在以下几个方面。

1）异构动态网络环境下实时传输挑战

新一代的流程工业网络化智能管控系统是一种分布式实时系统，需要实时网络的支持。然而，目前的通信网络通常是有线网络和无线网络组成的异构网络，网络形式各异且各网络互不兼容，信息的开放、共享和可用性差，部分信息传输的实时性得不到保证。无线网络端到端的传输时延和外部干扰往往难以预测。因此，如何在异构动态网络环境下进行最优的网络适配、异构网络资源的实时调度和业务感知，保证数据在网络中的实时传输是一个难题。

2）无线网络可靠传输挑战

新一代的流程工业网络化智能管控系统中使用无线网络具备成本低、可灵活组网等特点。然而，面对这种应用需求，无线网络在传输可靠性和安全性方面仍存在差距，在一定程度上制约了无线技术在新一代流程工业网络化智能管控系统的应用。由于大量各类传感、驱动、执行节点并存于工业网络中，感知节点随部署对象动态移动，工业现场的无线信道可用性动态变化。高温、高湿和复杂电磁干扰流程的工业环境也给无线工业网络提出了高可靠性、低功耗等要求。在某些较为严苛的条件下，当前的无线通信技术还无法满足这些要求。

3）海量终端的网络接入和无线资源管理挑战

新一代的流程工业网络化智能管控系统的网络通常包含海量终端设备。大量功能各异的终端以不同的服务质量（quality of service，QoS）需求接入网络进行工作，这给网络的终端接入和资源管理带来了巨大的压力。系统中的异构终端的流量特征不同且通常具有一定的周期性，这使得传统的无线网络接入方法很难适用。同时，系统中的大量异构终端通常使用非授权频带工作，无线资源的管理和分配过程更加复杂。复杂多变的频谱环境引发了不断增加的终端数目与有限的频谱资源之间的矛盾，导致异构终端间的互扰严重，影响了终端之间的共存和协同融合。

4）覆盖网络全周期的安全技术挑战

新一代的流程工业网络化智能管控系统应呈现高的可靠性与安全性。然而，随着网络的不断开放，使用的网络种类不断增加，系统网络的各个环节的安全问题面临重大挑战。从工业制造的角度分析，工业制造总的网络逐步从封闭走向开放，工业信息安全新老问题叠加、安全隐患倍增，应迫切需要解决工业网络的入侵检测、工业网络的流量监测、工业网络的漏洞挖掘等问题。

综上可见，信息的实时可靠传输、智能的网络终端接入和工业信息，网络安全是新一代流程工业网络化智能管控系统对 ICT 提出的重要挑战。

6.1.2　新一代流程工业网络化智能管控系统的发展态势

1. 工业自动化系统体系架构变革

ISA95 模型提出后虽然被广泛认可，但也面临着上述诸多问题，为此，许多研究机构都提出了全新的工业自动化系统体系架构，比较有影响力的包括"工业 4.0"体系、工业互联网体系。

自德国政府提出"工业 4.0"愿景之后，相关企业、科研机构、行业协会提出了许多"工业 4.0"参考模型，旨在促进"工业 4.0"倡导的纵向智能工厂集成、横向虚拟工厂集成和端到端数字工厂集成，其中最具代表性的是 2015 年德国电气和电子制造商协会发布的"工业 4.0"参考体系结构模型（Reference Architectural Model Industrie 4.0，RAMI4.0）。如图 6.3 所示，RAMI4.0 从三个维度——Hierarchy Levels（系统级别）、Life Cycle & Value Stream（生命周期与价值流）和 Layers（活动层次）——定义了"工业 4.0"的语义交互空间。

其中，Hierarchy Levels 维度按照不同的层级定义了大到制造网络、小到传感器的制造资源；Life Cycle & Value Stream 维度借鉴面向类的编程思想，将产品生命周期不同阶段划分到类和实例之中；Layers 维度从信息技术（information technology，IT）角度定义了一个"工业 4.0"模块的层次化结构。基于上述三个维度的定义，与"工业 4.0"相关的任意技术模块，都能在"工业 4.0"空间中找到相应的位置，并能够与其他技术模块实现跨层次、跨领域的集成和交互。

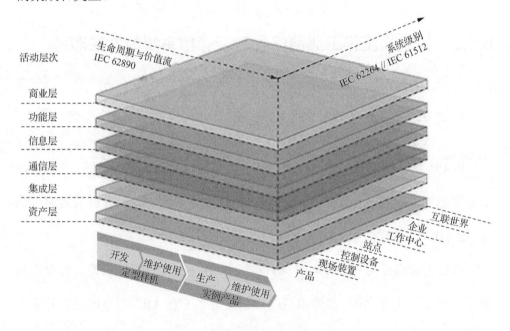

图 6.3　"工业 4.0"参考架构模型

2014 年 3 月，GE 联合 AT&T、思科、IBM 和英特尔成立了工业互联网联盟（Industrial Internet Consortium，IIC），致力于研发、吸收和推广工业互联网相关技术。2015 年 6 月，IIC 正式推出工业互联网参考体系结构（industrial internet reference architectures，IIRA），以此明确工业互联网不同技术领域之间的集成和互操作标准，确保工业互联网的开放性和安全性。IIRA 基于系统工程思想，定义了工业互联网"逐层深入"的四个层面。如图 6.4 所示，其中业务层面定义了用户基于工业互联网系统所要实现的目标以及工业互联网系统为满足用户目标所需的基本能力；使用层面定义了工业互联网系统为提供前述基本能力应具备的业务流程和流程之中的关键任务，并依据关键任务映射出工业互联网系统的功能需求和实现需求；功能层面则紧跟上一层次的功能需求，定义了包括控制、操作、信息、应用和业务在内的工业互联网功能模块；实现层面则依据实现需求提出了包括本地局域网、广域互联网和服务网在内的工业互联网实现体系结构。值得注意的是，IIC 认为构建在工业局域网和广域互联网之上的虚拟服务网，是工业互联网的核心，也是其重点研究的内容。

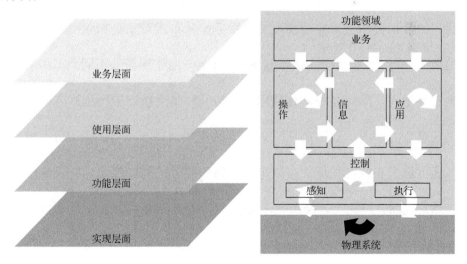

图 6.4　工业互联网参考模型

综上所述，无论是 RAMI4.0 还是 IIRA，都充分借鉴了互联网架构开放、

扁平的精髓，以此提高自身系统架构的开放性和通用性。不同的是，RAMI4.0
注重解决各类"工业 4.0"模块的跨层次、跨领域技术集成问题，因此定义了
完备的"工业 4.0"语义空间，但是 RAMI4.0 并没有给出基于"工业 4.0"理
念智能制造系统的具体实现方案。而工业互联网参考模型则明确提出基于服
务网的设想，但是目前还处于起步阶段，并未给出实现方案。

2. 工业自动化系统技术变革趋势

1）终端设备服务化

近十几年以来，互联网、计算机、物联网等 IT 技术取得了飞速发展，至
今仍在发生着许多变化。然而，在不断加快的技术更替进程中，根据服务来
建造系统的设计理念却越来越被业界接受，并成为大多数分布式系统的核心
思想。松散耦合和支持异构实现使得服务比分布式对象更加吸引人。面向服
务的架构（service oriented architecture，SOA）的发展帮助不同类型的应用程
序来交换信息。除此之外，该技术也在访问和集成新旧应用程序方面发挥着
越来越重要的作用。一般来说，SOA 是关于如何设计一套试用服务的软件系
统，通过已发布或可发现的接口来使用新的或者已有的应用，并且这些应用
程序通常发布在网络上。传统上，SOA 架构主要应用于企业级 IT 系统，并形
成了以企业服务总线（enterprise service bus，ESB）为驱动的全新企业管理运
营模式，标志着一种全新的 IT 软件开发模式。随着信息技术的发展，特别是
传感网、物联网的逐渐成熟，SOA 由传统的 IT 领域向物理领域扩展，出现了

物联网（web of things）。在物联网中，大量传感器提供了数据收集服务（传感服务），传感器可以是 ZigBee 设备、蓝牙设备、WiFi 接入点、个人计算机或手机等。原生数据通过传感器设备采集，并通过局域网、（移动）互联网、私有/共有云等实现互联和交互。用户仅需通过 Web 服务即可对感知数据进行访问。

2）网络扁平化、软件定义化

当前工业控制网络由上至下正在经历着深刻的 IP 化变革，但是底层传感网由于性能和功耗等方面的因素，限制了其向 IP 化发展。因此该领域发展趋势的核心是如何实现底层传感网的 IP 扁平化，特别是经典协议的精简和低开销实现，其中 6LoWPAN 是最有代表性的发展方向。6LoWPAN 旨在将 IPv6 引入以 IEEE 802.15.4 为底层标准的无线个人域网，工作组的研究重点为适配层、路由、报头压缩、分片、IPv6、网络接入和网络管理等技术。6LoWPAN 只提供了传感网与其他 IP 网络互联所需的标准报文格式和适配方法，缺少在多个网络之间进行资源协调以保障传输性能的研究。

软件定义网络（software defined network，SDN）是一种新型网络创新架构，其核心技术 OpenFlow 将网络设备控制面与数据面分离开来，通过集中式的控制器以标准化的接口对各种网络设备进行管理和配置，从而实现网络流量的灵活控制。这种网络架构为网络资源的设计、管理和使用提供更多的可能性，从而更容易推动网络的革新与发展。因此 SDN 的发展壮大可能带来网络产业格局的重大调整，传统通信设备企业将面临巨大挑战，IT 和软件企业则将迎来新的市场机遇。同时，由于网络流量与具体应用衔接得更紧密，使得网络管理的主动权存在从传统运营商向互联网企业转移的可能。因此，SDN的出现可能会彻底颠覆目前的互联网产业的现状。目前，SDN的产业链可暂分为以思科、华为为代表的传统设备商，以 Nicira、Big Switch 为首的创业公司，以 IBM、惠普为代表的 IT 服务供应商，以博通、英特尔、美满电子等为代表的国际芯片厂商，以谷歌、脸书、腾讯等为代表的网络内容提供商，以及以 Verizon、NTT、中国电信等为代表的运营商共六大阵营。由于各参与方有着不同的利益和目的，对 SDN 的看法及应对策略也存在着巨大的差异。

3）系统云化、虚拟化

近年来，欧盟框架协议支持的项目开始探索 SOA 向物理世界更深层次的应用，将 SOA 技术应用于工业自动化领域，比较有代表性的如 IMC-AESOP、SIRENA、SODA、SOCRADES 等。其核心思想是企业制造物理空间的全服务集成，即服务贯穿于企业运行的各个环节，从 SOA 传统的应用层面——顶层完成企业级管理的 ERP 系统，逐渐向下层应用，包括中间层次完成生产执行、任务调度、监测控制的 MES、SCADA 系统、DCS，直至底层现场完成闭环控制的嵌入式系统、传感器、执行器，均采用 Web 服务进行虚拟化，使信息能够在上述各个层面交互，打破信息孤岛限制。在服务化的运行模式下，虽然各运行环节仍然保持物理上层次化的结构，但是由于服务的虚拟化作用，在信息系统中各模块可以不受物理关系的约束，以扁平化的服务组合和互操作方式运行。在扁平化的运行模式下，管理和控制更紧密地集成，管理系统

的决策可以更快速准确地在控制系统执行，工业系统的运行效率得到显著
提升。

6.2　新一代流程工业网络化智能管控系统的
发展思路与重点任务

6.2.1　新一代流程工业网络化智能管控系统的发展思路

新一代流程工业网络化智能管控系统的发展总体思路是：充分利用新一
代 ICT，以信息技术和操作技术（operational technology，OT）深度融合为目
标，打通控制系统和管理系统的技术鸿沟，构建信息物理一体化的开放、扁
平、对等体系架构。

具体而言，首先，以最具代表性的 ICT——互联网为平台设计的总体依据，
充分借鉴其开放、扁平、共享的架构特征，设计新一代流程工业网络化智能
管控系统架构；同时，重点针对流程工业自动化技术高可靠性、高实时性、
高安全性的特点，进行技术改造，构建符合流程工业特殊需求的互联网化开
放技术体系；在此基础上，充分体现数据驱动的人工智能、知识驱动的智能
优化制造理念，实现人机物三元融合。

6.2.2　新一代流程工业网络化智能管控系统的重点任务

1. 研究新一代流程工业网络化智能管控系统的架构、硬件平台和软件平台

基于前述智能优化决策与分布式智能运行优化协同控制一体化的双层扁平架构，重点研究新一代流程工业网络化智能管控系统架构，在此基础上，发展其硬件平台（图 6.5）和软件平台（图 6.6）。

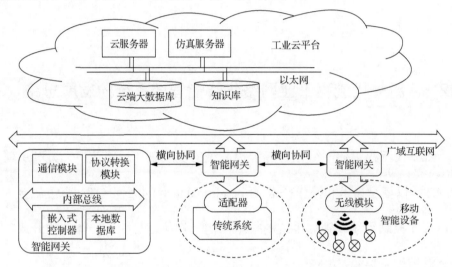

图 6.5　新一代流程工业网络化智能管控系统硬件平台

如图 6.5 所示，硬件平台的核心是智能网关，其要满足诸如嵌入式控制、本地数据存储、内部高速通信、外部协同通信和异构网络协议转换等功能，为此，要重点发展支持计算、存储、通信一体化的智能网关。同时，针对流程工业大量传统 DCS、PLC 的接入问题，要重点发展支持传统设备接入的服务化适配器；针对移动互联网等新技术平台，重点发展工业无线网络。此外，在云端平台上，要重点发展支撑流程工业云的云服务器、支撑流程工业虚拟

制造的仿真服务器、支撑流程工业大数据的数据库、支撑流程工业知识自动化的知识库。

如图 6.6 所示，软件平台的核心是智能优化决策的软件开发平台，支撑智能决策优化软件的算法设计、编程开发、测试验证和远程部署。为此要重点研究知识管理软件，从海量数据中挖掘和获取知识，同时为智能决策优化软件提供知识自动化驱动的智能算法；要重点研究流程工业海量、异构数据的统一表达，为智能决策优化软件提供数据流服务；研究计算、存储、通信服务的抽象方法，为智能决策优化软件提供统一编程接口。此外，为了支撑在智能网关之上的嵌入式软件开发，需要重点发展嵌入式实时操作系统和计算、存储、通信资源的虚拟服务化。

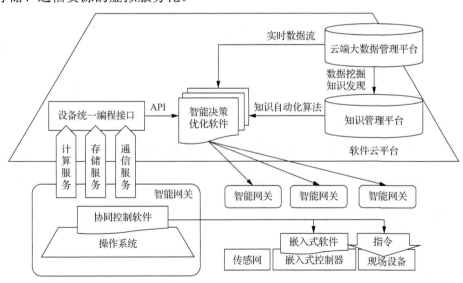

图 6.6　新一代流程工业网络化智能管控系统软件平台

2. 构建流程工业大数据高效传输和异构设备互联网络

针对全互联测控应用广域覆盖的需求，全互联网络采用 IEEE 802.11 无线链路构建成网状结构的网络，连接工业控制网络和管理网络，构成管控一体化的工业网络。在基于 IEEE 802.11 广域覆盖的工业网络之上，针对工业应用高实时、高安全的需求，结合无线链路的特点，研究高实时和高安全组网技术，满足全互联测控应用对实时性和安全性的要求。当前传输保障技术主要是通过带宽资源的预留来实现，存在资源浪费的问题，且粒度较粗，不能保证所有任务的端到端时延。实时保障技术采用广域协同与本地保障相结合的思路，基于广域协同的时延预留机制，根据感知的每段链路状态，将端到端传输时延的需求分配到每段链路上，在每段链路上进行本地确定性保障，进而保障整体端到端传输需求。

3. 建设流程工业大数据管理和分析平台

流程工业需要协同使用多模态大数据，包括流程工业中的控制、生产、决策等不同过程中产生的数据，因而需要面向流程工业多模态、多实时性要求的大数据设计新型数据管理系统。具体包括如下任务：提供新式数据管理系统架构，该架构可以有效管理多模态大数据，提供多实时性数据访问的支持；提供多模态关联大数据高效存储，包括多模态关联大数据的分布式存储、压缩存储和分层存储，以支持流程工业大数据的高效访问；面向多实时性数据访问要求和不同类型任务的数据方法，提供多粒度索引结构，支持多实时性多任务的数据存取；面向多模态数据提供统一查询接口，有效将不同类型任务拆分成多模态数据上的基本数据操作，并按照不同实时性要求执行数据操作，从而提供满足实时性要求的查询处理。

4. 建立支持流程工业知识自动化的跨层、跨域异构知识本体库

流程工业知识库反映了流程工业过程中数据和知识的特点、分类以及流程工业知识自动化系统的内涵。必须结合流程工业的特点，研究全面获取流程工业过程的知识并对其进行挖掘、推理与优化重组的方法。详见 2.2.1 节。

5. 搭建系统原型并面向石化、冶金、有色等重点领域进行验证

针对石化、冶金和有色技术行业的特点、需求和存在的问题，在已有研究基础上，构建面向行业的管控平台原型，推动目标行业企业生产和经营方面的知识自动化发展。该架构需要实现以下五个主要功能：支持设备互联和扁平化的 IP 网络，设备通过 IP 进行互联；支持传感器即插即用，设备插入后，自动进行功能注册、任务分配和网络资源分配，无须人工干预和组态；支持控制命令、管理信息混合传输，采用流交换技术，对管理和控制业务进行分离，针对业务需求调度网络资源，对混合传输提供实时保障；支持云端运行，知识网络的创建、部署、运行管理、维护以分布式 APP 的模式在云计算平台上运行；支持移动化的知识分发，通过无线回程网对移动终端进行覆盖，将推理结果分发给操作人员，进行决策。

6.3　新一代流程工业网络化智能管控系统的重点领域与关键技术

6.3.1　新一代流程工业网络化智能管控系统的重点领域

1. "感知-控制-传输"一体化的嵌入式控制器

控制器主要完成资源的动态自主接入和局部的智能控制，实现在控制器本地的感知、控制与传输一体化的智能运行。为此，嵌入式控制器重点发展以下三方面功能：首先是与数据相关的功能，包括本地数据存储、访问；其次是与分析计算相关的功能，包括传感器数据融合、"端"分析计算；最后是与网络相关的功能，包括设备接入、设备管理和配置、数据传输、网络协议转换等。

2. 基于工业 SDN 的高效传输和广域互联网络

针对工厂管控网络局域、封闭，骨干网、控制网、现场网异构分层的现状，借鉴软件定义网络、互联网广域互联网络体系和 Web Service 开放服务架构，研究新一代全互联制造网络架构，支持低成本广域覆盖、管控一体化、服务化信息集成。

3. 支持跨层、跨域智能优化的工业软件云平台

搭建软件开放平台，确保满足不同需求的应用业务都能够在该平台上快速、简单、低成本地开发和部署，与客户进行互联互通，如获取客户订单需求、客户服务需求、客户营销需求、客户订单需求等，以及上述软件对工业制造网络系统各种资源的调度和使用。

4. 流程工业大数据管理和分析平台

大数据是实现流程工业数字化、智能化制造的基础，因此大数据平台需要整合现场传感网、物联网、工业以太网、内部外部互联网、社会无线通信网，构成流程工业数字化智能化制造的工业互联网，实现多来源多模态大数据的获取、存储、管理与分析，以及在不同业务间的互操作集成和共享。在此基础上，实现多源异构数据融合，包括物联网和工业互联网构建、不同业务数据互操作集成、多源异构大数据的融合分析等；进而实现数据智能分析处理，包括多业务数据仓库、多源数据可视化、数据挖掘和知识发现等。

6.3.2　新一代流程工业网络化智能管控系统的关键技术

1. 新一代流程工业网络化智能管控系统的智能终端技术

（1）支持流程制造异构设备、资源统一语义描述的服务化适配技术。网络化管控平台面对的海量、异构制造服务来自多个层次、多个领域，具有不

同的语义体系，因此要研究海量、异构制造服务语义化建模，实现制造服务的语义级互操作。研究制造服务原子属性划分方法，寻找异构语义属性的关键共性和特殊性，基于此构建制造服务多层级语义描述框架；此外，还要研究制造服务的可组合性，即服务之间拆分/聚合机理，并据此设计制造服务之间语义互操作接口。具体包括基于原模型的制造服务原子属性划分、制造服务多层级语义描述框架、制造服务语义拆分/聚合模型、制造服务语义关联与互操作接口。

（2）支持流程制造服务动态发现、组合、重构的智能服务总线技术。传统 MES 消息总线作为生产调度信息交互的主要方法存在集中式消息处理负载压力大的不足，并且无法针对不同类型的消息进行分布式传输调度。针对上述问题，本节拟提出基于分布式服务总线的实时服务管理技术，采用 Paxos 分布式队列的思路，达到对服务进行跨生产区域的实时管理与一致性维护的效果。分布式服务总线接收到各条生产线上的 Web 服务适配器发布的设备原子服务后，分布式总线调度器按照 Paxos 算法对总线上的服务信息进行一致性维护。此时服务监听器收到总线发布的服务请求后，通过带有时间戳的 Fair Scheduler 算法对服务的优先级与资源进行综合权重排名，形成实时、准实时与非实时队列。然后由服务注册管理模块对不同队列的服务分别进行状态、时序以及资源需求的注册管理。

2. 新一代流程工业网络化智能管控系统的网络技术

（1）多源异构、多尺度信息高效传输机制与动态优化技术。流程工业生产过程中，物理数据、管理数据和控制数据种类多，数据异构，各类长短包信息、流媒体信息、响应时间跨度大的信息需要高效可靠的传输和动态优化。通过提高带宽的无线数据链路和设计灵活的网络拓扑结构，从移动通信高速发展中汲取经验，并且通过物理层设计、多流传输、新型空中接口、动态组合网络等方案的设计，在一些特殊环境下有效地弥补有线网络的不足，进一步完善工业互联网络的信息及时传输和性能优化。工业信息的高效可靠传输机制与动态优化技术包括：复杂工业环境下信息毫秒级别传输；数据采集后预处理与有效回传；海量工业数据中心处理与挖掘；控制信息的实时可靠回传；物理信息系统一体化安全防护与可信。

（2）复杂工业环境下多源异构现场信息的实时、高效融合技术。流程工业控制与监测对通信的确定性和实时性具有很高的要求。如要求用于现场设备的延迟不大于 10ms，用于运动控制的延迟不大于 1ms。对于周期性的控制通信，使延迟时间的波动减至最小也是很重要的指标。此外，在流程工业应用场合，还必须保证通信的确定性，即安全关键（safety-critical）和时间关键（time-critical）的周期性实时数据需要在特定的时间内传输到目的节点。随着大量感知设备接入网络，各类感知数据信息数量庞大、信息容量巨大、信息关系复杂，对大量多源异构信息进行协同与融合是一个重要目标；通过认知学习使物理世界采集到的信息与信息世界的知识能够有效融合，更好地估计和理解周围环境及事物发展态势；加快融合处理，极大降低时延，满足其时空敏感性和时效性。提高信息和资源的利用率，支持更有效的推理与决策，改善系统整体性能。

（3）流程工业多种类型设备的动态、自主接入技术。流程工业多个工艺环节都需要接入到工业认知网络中，具有高并发接入的特点，这使得传统接入机制面临着通信资源利用率低的问题。由于网络中接入数据既有周期性监测数据，又有告警等突发非周期性数据，基于竞争和基于分配的接入机制都是必需的。但传统面向无线局域网等的基于竞争的接入机制，在面对工业认知网络的大规模并发接入特征时，存在严重的隐藏终端问题；传统面向蜂窝网、传感网等将资源分配到节点的方案，资源分配开销大，资源浪费严重，不适用于工业认知网络短数据量频发特征。为此，需要研究接入机制，使得这些数据实时、可靠地传输，实现通信资源的最大化利用，包括基于竞争的高可靠接入机制和基于分配的高效接入机制。

3. 新一代流程工业网络化智能管控系统的大数据平台技术

1）支持数据采集、存储、集成的流程工业大数据管理技术

流程工业大数据管理技术实现流程工业大数据的高效管理和挖掘，其主要功能包含如下：

（1）数据采集功能。包括具有标准通信协议的系统过程数据采集、对各类使用关系数据库的生产管理系统的数据采集，对于各类非标数据，现在市场上成熟的工业数据库产品大多提供方便的数据采集方式，如在某 Excel 表格中手工录入，或者导入指定格式的文本文件等。

（2）数据存储、集成功能。分布在厂区的各生产单元或多套生产单元，使用一个接口工作站从控制系统（或其他数据源系统）采集数据，接口工作

站将数据通过局域网发送给厂级实时/历史数据库，然后上层的各类数据分析系统、数据查询分析客户端都从厂级中心数据存储服务器读取数据。

2）支持数据分析、可视化和结果应用的流程工业大数据分析技术

流程工业大数据分析是工业大数据计算的重点，是能否体现工业大数据价值的关键所在。既要研究和开发适应各类工业大数据分析的通用方法，也应研究和开发面向具体工业领域数据分析的专用方法。批量分析是工业大数据分析需要解决的首要问题。批量分析能够增加产品的整体质量和稳定性，并能使制造商更好地理解、控制在相关的生产环境中的差异。对比不同批量的周转时间、参数和变量，收集归纳批量数据，支持自主改进；跟踪不同批量间的相关参数，理解并控制流程差异；通过标准接口整合新系统与现有批量系统；将质量、生产跟踪和其他核心生产功能同批量生产流程相联系，提供工厂生产流程的全貌。面向具体优化目标的工业大数据应用分析是进一步要考虑的问题。面向流程优化分析、质量优化分析、运行效率分析、批次性能分析、节能降耗分析等具体优化目标，其分析方法各有不同，而且与具体产业类别、企业结构等要素密切相关。

3）流程工业大数据可视化技术

流程工业大数据可视化技术把复杂的流程工业大数据转化为可以交互的图形，帮助流程工业企业用户更好地理解分析数据对象，发现、洞察其内在规律。为降低流程工业企业用户进行大数据分析的门槛，需要研究提供图形化的 UI 系统，使得企业用户可以快速简便使用大数据分析系统进行数据挖掘。数据分析可视化系统分为分析流程构建子系统和运行时监控子系统，前者负

责提供图形化交互，快速构建分析流程并提交执行，后者实时显示各模块的执行状态与执行结果。

4. 新一代流程工业网络化智能管控系统的软件云平台技术

1）支持跨层、跨域智能优化的自然语言编程范式和软件快速部署技术

软件平台层包括业务层、逻辑层、平台层、抽象层，分别提供相应的技术，具体而言，业务层提供用户向平台提交业务需求的高层次描述，同时存储大量的知识自动化算法库，保存经验证的知识自动化算法；逻辑层将业务描述自动分解到逻辑级别，形成可以完成应用业务的可执行工作流；平台层提供面向不同硬件平台的操作系统，即将硬件的异构性抽象化，提供关键的应用程序编程接口，确保应用程序在跨平台上的通用性；抽象层基于透明的统一抽象接口，将工业认知网络的计算资源、存储资源和通信资源的功能抽象为虚拟的服务，将底层资源的异构性完全屏蔽掉，确保在抽象层对异构的资源进行统一的功能定义和操作，使资源层对优化层和应用层完全透明。

2）面向流程工业的业务需求提供快速准确实时云服务技术

流程工业大数据管理系统和算法库以工业云的形式为流程工业智能优化制造系统的各个部分提供数据、算法等方面支持。流程工业控制系统计算高实时性、高准确率的特点，对云服务提出了新的要求，即实时、快速、准确的要求，为此，实时云服务需要满足以下几个方面的功能需求：

（1）高度灵活的云计算框架。因为流程工业系统中不同任务对实时性、准确性的要求不同，且流程工业大数据模态多样，因而需要有高度灵活的云

计算框架以满足高度多样化的要求。

（2）高可靠性云平台。由于流程工业系统对云服务可靠性要求高，因而需要面向流程工业设计高可靠性云平台。

（3）流程工业云安全防护。构建工业云安全防护体系，完善工业云安全防护技术标准，规范工业云的数据中心基础设施安全和数据资产安全等方面的保障技术措施。

第7章 流程工业智能优化制造的发展规划和建议

7.1 国内外制造业发展规划

7.1.1 国外制造业发展规划

1. 美国制造业相关政策

2008 年金融危机之后，欧盟愈加重视制造业，加大了制造业科技创新力度。美国的研发投入及创新竞争力开始下滑，先进制造业的制造能力也持续下降，这为美国制造业的发展带来新的挑战。美国近年来制定了一系列的先进制造业发展计划，对其整体经济的发展具有重要的战略意义。

1）先进制造业伙伴（AMP）计划

2011 年 6 月，奥巴马采纳了总统科技顾问委员会的建议，提出了一项超过 5 亿美元的先进制造业伙伴（AMP）计划，以缓解就业压力、促进创新和维护国家安全。该计划采取产学研合作的形式，由美国顶尖的大学、研究机构和主要的制造公司承担，联邦政府只负责提供良好的创新环境，如推行税收抵免、提供政府引导资金等，共同结成了强有力的产学研合作联盟。AMP计划主要包括四个子计划，分别为：提高美国国家安全相关行业的制造业水平；缩短先进材料的开发和应用周期；投资下一代机器人技术；开发创新的、能源高效利用的制造工艺。

2）先进制造业国家战略计划

美国国家科学技术委员会于 2012 年 2 月正式发布了"先进制造业国家战略计划"。该计划客观描述了全球先进制造业的发展趋势及美国制造业面临的挑战，明确提出了实施美国先进制造业发展需解决的问题：第一，为先进制造业提供良好的创新环境；第二，使得美国国内制造技术转化蓬勃发展；第三，统筹促进公共和私人对先进制造技术基础设施的投资；第四，促进先进制造技术规模的迅速扩大和市场渗透。战略计划中相关政策包括：①完善先进制造业创新政策；②加强"产业公地"建设；③优化政府投资。

3）美国智能过程制造（SPM）计划

2008 年美国国家科学基金会（National Science Foundation，NSF）出面组

织了一个国家级"工程虚拟组织"（Engineering Virtual Organization，EVO），特邀了跨行业的工业界领袖企业，如 Du Pont、DOW、ExxonMobil、BP、SHELL等公司；顶级信息技术供应商，如 IBM、Honeywell 等公司；邀请了美国著名大学和研究机构，如加利福尼亚大学、卡内基梅隆大学、普渡大学、俄克拉何马州立大学、橡树岭国家实验室、美国化学工程研究所等。该组织于 2011年 6 月 24 日公布了"实施 21 世纪智能制造"报告，针对流程工业的智能制造提出了具体的技术框架和路线图，拟通过融合知识的企业级资源计划优化、调度优化和生产过程优化实现流程工业的升级转型，即集成知识和大量模型，采用主动响应和预防策略进行优化决策和生产制造。其具体内容如下：

（1）由数据形成知识；

（2）由知识形成操作模型；

（3）单元设备/过程价值链的模型化；

（4）系统集成与全局应用；

（5）集成人、知识和模型构建绩效评估指标。

4）国家制造创新网络战略计划

2016 年 2 月 19 日，美国商务部部长、总统行政办公室、国家科学与技术委员会、先进制造国家项目办公室，向国会联合提交了首份国家制造创新网络年度报告和战略计划。它描述了 NNMI 计划的愿景及其目标，确认了实现这些目标的手段，包括 NNMI 计划的投资战略、联邦部门协同投资的机制、NNMI计划的评价标准等。国家制造创新网络（national network for manufacturing innovation，NNMI）的愿景是美国在全球先进制造领域处于领导地位。在这个愿景下由制造创新机构组成的网络集合美国工业界、学术界和政府的力量，解决跨行业的制造挑战，即无法由单个行业独自解决的挑战。

2. 德国制造业相关政策

作为欧洲头号经济强国，制造业占德国 GDP 的比重始终维持在 23%左右，稳居欧盟第一。德国的机械、汽车和光学仪器等产业虽然以质量高性能优越著称，但由于价格偏高，缺乏绝对的市场竞争力；且由于企业在技术层面追求"最完美"和"最先进"，往往导致产品推向市场的速度和效率较慢。德国制造业发展的振兴举措主要包括以下内容：

1) 生产 2000 计划

德国政府制订了"生产 2000"等制造业战略计划，重点研究包括产品开发方法和制造方法、面向制造的信息技术，特别要研究通信技术，开发面向制造的高效的、可控的系统，其目的是：利用信息技术促进制造业现代化、采用充分考虑人的需求和能力的生产方式、帮助企业增强市场竞争力、提高制造领域的研究水平等，促进制造业的现代化。

2) "工业 4.0"

"工业 4.0"的概念源于 2011 年德国汉诺威工业博览会，其初衷是通过应用物联网等新技术提高德国离散制造业水平。在德国工程院、弗劳恩霍夫协会、西门子公司等学术界和产业界的大力推动下，德国联邦教研部与联邦经济技术部于 2013 年将"工业 4.0"项目纳入了"高技术战略 2020"的十大未来项目中，计划投入 2 亿欧元资金，支持工业领域新一代革命性技术的研发与创新。随后，德国机械及制造商协会（Verband Deutscher Maschinen-und Anlagenbau, VDMA）等设立了"工业 4.0"平台，德国电气电子和信息技术协会发表了德国首个"工业 4.0"标准化路线图。"工业 4.0"的两大主题为智慧工厂和智能生产，其中智慧工厂重点研究智能化生产系统及过程，以及网络化分布式生产设施的实现；智能生产主要涉及整个企业的生产物流管理、人机互动、增材制造等新技术在工业生产过程中的应用。"工业 4.0"的三个焦点为：通过价值链及信息物理网络实现企业间的横向集成，支持新的商业策略和模式的发展；从产品开发到制造过程、产品生产和服务，贯穿价值链的端对端集成，实现产品全生命周期的管理；根据个性化需求自动构建资源配置（机器、工作和物流等）模式，纵向集成实现灵活且可重新组合的制造系统。

3. 英国制造业政策

英国是第一次工业革命的起源国家，制造业曾经带给英国 300 多年的经济繁荣。但是，随着信息化与互联网的发展，20 世纪 80 年代以来，英国开始推行去工业化战略，不断缩减钢铁、化工等传统制造业的发展空间，将汽车等许多传统产业转移到劳动力和生产成本都相对低廉的发展中国家，逐步远离工业，而集中精力发展金融、数字创意等高端服务产业。2004 年，英国制造业列世界第 4 位，现在已经退到了第 7 位。

金融危机给英国实体经济带来深重打击，也让英国政府意识到以金融为核心的服务业无法持续保持国际竞争力。因此，英国政府开始摸索重振制造业，提升国际竞争力，重现 18 世纪工业革命时代的辉煌。为了配合制造业回归，英国政府加大力度培养制造业人才。首先是打破大众轻视制造业就业的看法，培养大量工程师，将更多的年轻人吸引到制造业行业就业。在确保制造业人才的同时，英国政府积极推进制造基地建设，面向境外企业进行招商。在这一背景之下，英国政府启动了对未来制造业进行预测的战略研究项目。该项目是定位于 2050 年英国制造业发展的一项长期战略研究，通过分析制造业面临的问题和挑战，提出英国制造业发展与复苏的政策。该项战略研究于 2012 年 1 月启动，2013 年 10 月形成最终报告 *The Future of Manufacturing：A New Era of Opportunity and Challenge for the UK*（《未来制造业：一个新时代给英国带来的机遇与挑战》）（即 "英国工业 2050 战略"）。报告认为制造业并不是传统意义上 "制造之后进行销售"，而是 "服务+再制造（以生产为中心的价值链）"，主要致力于四个方面：更快速、更敏锐地响应消费者需求；把握新的市场机遇；可持续发展；加大力度培养高素质劳动力。重点资助建设新能源、嵌入电子、智能系统、生物技术、材料化学等 14 个创新中心。

4. 日本制造业政策

日本制造业规模约占国内生产总值的 20%，高于美国、英国、法国等其他发达国家。因此，日本制造业对其他产业的辐射效果非常广泛，可以带动多个产业的发展。但是，日本制造业目前面临一线制造技术人才短缺和信息技术渗透缓慢等问题。

1）日本 2015 年版制造白皮书

日本经济产业省公布了《2015 年版制造白皮书》（以下简称"白皮书"），声称倘若错过德国和美国引领的"制造业务模式"的变革，"日本的制造业难保不会丧失竞争力"。因此，日本制造业要积极发挥 IT 的作用，建议转型为利用大数据的"下一代"制造业。从白皮书透露出的信息来看，日本制造业的现状可以从三个方面理解：一是与德国、美国的动态相比，日本虽然在工厂的省人力化、节能化等改善生产效率方面有些长处，但不少企业都对进一步发展数字化持消极态度，尤其是对物联网的关键——软件技术和 IT 人才的培养。日本担心德国"工业 4.0"体系一旦建立，德国工业包括汽车工业会实现压倒性的高效率和供应链的整体优化，德国厂商的竞争力将相对日本上升。二是日本制造业企业之间的合作不充分，比如工厂使用的制造设备的通信标准繁多，许多标准并存，没有得到统一，需要跨越企业和行业壁垒，强化"横向合作"。三是在生产制造过程中软件使用不够，例如对生命周期管理（product lifecycle management，PLM）工具的使用。所以，除了相继推出大力发展机器人、新能源汽车、3D 打印等的政策之外，2015 年的白皮书中日本特别强调了发挥 IT 的作用。

2）i-Japan 战略

2009 年日本政府推出了"i-Japan 战略"，旨在构建一个以人为本、充满活力的数字化社会，让数字信息技术改革整个经济社会、催生新的活力，积极实现自主创新。该战略的要点在于实现数字技术的易用性，突破阻碍数字技术适用的各种壁垒，确保信息安全，最终通过数字化和信息技术向经济社会的渗透，打造全新的日本。该战略由三个关键部分组成：一是建立电子政务、医疗保健和人才教育核心领域信息系统；二是培育新产业；三是整顿数字化基础设施。

5. 韩国制造业政策

韩国是全球制造业较为发达的国家之一，造船、汽车、电子、化工、钢铁等部分产业在全球具有重要地位。韩国在参考了德国"工业 4.0"战略的基本理念之后，于 2014 年 6 月正式推出了"制造业创新 3.0 战略"，并于 2015 年 3 月公布了经过进一步补充和完善后的"制造业创新 3.0 战略实施方案"，以促进制造业与信息技术相融合，从而创造出新产业，提升韩国制造业的竞争力为目标。为实施"制造业创新 3.0 战略"，韩国制定了长期规划与短期计划相结合的多项具体措施，大力发展无人机、智能汽车、机器人、智能可穿戴设备、智能医疗等 13 个新兴动力产业。韩国政府还计划在 2020 年之前打造 10000 个智能生产工厂，将韩国 20 人以上工厂总量中的 1/3 都改造为智能工厂。该战略将充分考虑韩国中小企业生产效率相对较低、技术研发实力不足的特点，拟采取由大企业带动中小企业，由试点地区逐渐向全国扩散的"渐进式"推广策略。

6. 印度制造业政策

2011 年印度政府批准了印度第一份促进发展国家制造业的政策。根据这份政策文件，印度计划到 2022 年，将制造业占国内生产总值的比重从当前的 16%提高到 25%，从而创造 1 亿个新工作岗位。国家制造业政策的目标还包括增强印度制造业在全球的竞争力、提高国内产业附加值、拓展技术深度和促进经济增长的环境可持续性。该政策提出的具体措施包括发展工业基础设施，通过简化和优化管理改善商业环境和开发绿色技术等。其中最引人注目的一项举措是提出要建设名为"国家投资和制造区"的大型综合工业城镇，辅以先进的基础设施、土地功能分区、引入清洁和节能技术以及必要的劳动力转移。

2013 年，印度政府又推出一系列政策保护本国制造业，以消除采购市场中来自国外竞争者的威胁。印度电信部、重工业部及可再生能源部将出台相关条例保护国内生产者不被外国企业，特别是能提供大量廉价设备的中国制造商抢占市场份额。

2014 年，印度总理纳伦德拉·莫迪提出"印度制造"来推动印度向制造业大国转型。

7.1.2　国内制造业发展规划

1. 中国制造 2025

《中国制造 2025》相关内容详见 1.1.3 节。

2. "互联网+"协同制造

2015 年 7 月 1 日，国务院发布了"互联网+行动指导意见"，"互联网+"协同制造是 11 大重点行动之一。推动互联网与制造业融合，提升制造业数字化、网络化、智能化水平，加强产业链协作，发展基于互联网的协同制造新模式。在重点领域推进智能制造、大规模个性化定制、网络化协同制造和服务型制造，打造一批网络化协同制造公共服务平台，加快形成制造业网络化产业生态体系。

3. 国家中长期科学和技术发展规划纲要（2006—2020 年）

在 2006 年发布的《国家中长期科学和技术发展规划纲要（2006—2020 年）》中，流程工业的绿色化、自动化及装备被列为制造业的优先主题之一；下一代网络关键技术和服务、传感器网络及智能信息处理被列为信息产业及现代服务业的优选主题；信息技术被列为 8 个前沿技术之一，其中包括智能感知技术和自组织网络技术等。

4. 原材料工业两化深度融合推进计划（2015—2018 年）

2015 年 1 月 21 日，工业和信息化部印发《原材料工业两化深度融合推进计划（2015—2018 年）》，围绕石化化工、钢铁、有色金属、建材、黄金、稀土等原材料工业的突出问题和两化深度融合的薄弱环节，以公共平台建设、智能工厂示范、技术推广普及为着力点，努力实现集研发设计、物流采购、生产控制、经营管理、市场营销为一体的流程工业全链条全系统智能化。大力推动企业向服务型和智能型转变，不断提升原材料工业综合竞争力。该计划的目标是到 2018 年底，标准引导、平台服务、示范引领、推广普及的原材料工业两化深度融合推进机制初步形成；生产过程控制优化、计算机模拟仿真、电子商务、商业智能等应用基本普及；研发设计、数据分析、质量控制、环境管理、集成应用、协同创新等薄弱环节得到明显加强；两化融合深刻植入企业，成为企业战略决策、行业创新发展的新常态。

7.1.3　国内外制造业发展规划分析

制造业分为流程工业和离散制造业，发达国家的制造业发展战略规划主要侧重于离散制造业，如德国"工业 4.0"主要研究离散制造的智能化生产系统及过程、网络化分布式生产设施、增材制造等新技术在工业生产过程中的应用；"英国工业 2050 战略"重点资助建设嵌入电子、智能系统等；日本"i-Japan 战略"的要点在于实现数字技术的易用性，实现服务行业的自主创新；韩国"制造业创新 3.0 战略" 则大力发展无人机、智能汽车、机器人、智能可穿戴设备、智能医疗等新兴动力产业；美国"先进制造业伙伴计划"则强调提高与美国国家安全相关行业的制造业水平，缩短先进材料的开发和应用周期，投资下一代机器人技术，开发创新的、能源高效利用的制造工艺。美国作为全球有重大影响力的流程工业制造国家，其推出的"智能过程制造计划"重点在于企业级资源计划优化、调度优化和生产过程优化。

流程工业明显区别于离散工业，我国现有的国家发展规划对流程工业的关注力度还不够，两化深度融合实现流程工业智能优化制造存在着一些重大工程科技问题。比如，针对全球化的市场需求和原料的不确定性，如何通过价值链及信息物理系统实现若干工厂和企业间的横向集成，优化生产方案和资源配置，提高产能和合理设置库存；针对企业生产缺乏整体的协调优化，如何实现绿色、柔性制造过程和信息管理决策系统的纵向集成，提高生产效率与产品质量，最小化生产过程的环境足迹，确保环境友好地可持续发展；如何综合人、知识和关键价值链单元模型构建企业运行的绩效评估指标，保证企业运行发展模式的科学性。这些流程工业智能优化制造的愿景目标和重大研究内容还缺乏系统的顶层设计。

7.2　我国流程工业智能优化制造发展政策建议

当前，我国流程工业的经营决策、资源与能源的配置计划、生产计划调度与控制系统指令、以及生产运行监控与管理仍然严重依赖知识工作者的经验，远远没有实现生产全流程整体优化；生产工艺研究过程还停留于企业的生产实验，远远没有实现数字炼钢、数字炼油等虚拟制造，严重束缚了流程工业向高效化、绿色化方向发展。实现流程工业智能优化制造涉及的前文所述的五项重点研究任务，不仅涉及自动化科学与技术、通信和计算机科学与技术、数据科学的前沿科学难题和关键共性技术，也涉及不同流程工业的领域研究前沿，涉及科研体制和人才培养。我国拥有技术力量雄厚的流程工业自动化研发队伍；我国最重要的流程工业企业已经具备先进的生产工艺和良好的生产装备，基础自动化和生产管理信息化达到了较先进的水平；从事经营决策、生产管理、工艺技术研发和设备运行等方面的知识工作者积累了丰富的经验，可以提供大量的数据和知识；我国流程工业产业规模和市场需求庞大且日益增长，具有不可替代的技术创新环境，具有迫切的高端化、低碳化和智能化的改造需求；大数据、知识型工作自动化、人工智能、云计算、互联网等新技术，为研发流程工业智能优化制造的基础理论与关键技术提供了新手段。这些为我国实现流程工业智能优化制造打下了坚实的基础。为了使以实现流程工业智能优化制造为目标的大数据与制造流程知识自动化的研究处于国际领先水平，为我国由流程工业制造大国变为制造强国提供科技支撑，特提出本领域未来发展的有效资助机制及国家相关产业发展的主要政策建议。

（1）突出流程工业智能制造的战略地位，提升流程工业企业创新能力。

我国流程工业发展虽然迅速，但目前还是主要利用低廉的劳动力和产能规模来降低生产成本。从长远发展来看，必须依靠内涵发展来提高创新能力、促进经济增长。在智能制造政策制定、国家发展战略制定中流程工业并没有得到充分的重视。鉴于流程工业的战略地位，须加大研发投入力度，建立健全流程工业智能制造研发和服务体系，加快实施重点流程工业行业智能制造专项行动，切实构建企业主导的产业技术研发体系，着力促进产学研等各创新主体的协同创新，提高企业原始创新能力。

（2）建议政府主管部门组织由学术、研发与企业三方专家组成的战略研究组开展流程工业智能优化制造的战略规划与顶层设计。

建议由国家相关部门组织产学研各方面的专家组成战略研究组，共同研讨我国流程工业的特征、现状和问题，研讨流程工业两化深度融合实现智能制造的内涵与挑战，研究发展思路、发展目标及重点任务、重点工程科技问题、重大关键技术和技术路线图，为我国流程工业两化深度融合的应用实施和推广提出配套政策和措施建议。

（3）将基础与前沿研究、国家重点研发计划、工信部两化深度融合推进计划进行一体化整体部署。

发挥中国特色社会主义制度的优越性，协调各类国家研究计划，围绕流程工业两化深度融合实现智能制造的关键工程科技问题和重大关键技术，对从基础与前沿研究、技术研发、产品研制到推广应用各类项目的投入与资助进行一体化部署。

建议工信和信息化部与国家自然科学基金委员会成立联合基金，来支持流程工业智能制造示范工程中的基础与前沿科学问题研究。

建议设立流程工业智能优化制造的重大专项、重点研发计划。

建议国家自然科学基金委员会先行启动与流程工业智能优化制造相关的重大研究计划、重大项目与重点项目群。

（4）加强基础设施建设，强化企业创新主体地位，优化流程工业智能优化制造创新环境。

加强工业宽带基础设施建设，以深化科研体制改革和科技管理体制改革为动力，强化企业创新主体地位，建立企业主导产业技术创新的体制机制，形成条件完备、充满活力、富有效率、成果转化的流程工业智能优化制造研发创新环境。

（5）分层次、分目标实施两化深度融合，推进流程工业智能优化制造。

建议实施两化深度融合引领企业示范工程。按行业选择有示范作用的重点企业，以企业为主体联合相关国家重点实验室、国家工程技术中心，形成固定的研发与工程实施队伍，进行机制创新，建立对研发队伍持续支持的机制，联合创新将示范企业打造成世界领先的企业。

建议开展面向行业的两化深度融合示范工程。利用大数据、云计算、工业互联网、移动计算等新的信息技术，搭建面向不同行业的两化融合技术创新服务平台和企业生产管理信息服务平台，如云决策平台等。

建议开展面向流程企业以实现智能优化运行为目标的信息化系统提升示范工程。特别是针对关键生产工序的重大生产装备，尤其是高耗能设备，以实现智能优化运行为目标，完善过程控制系统，使其可靠完整采集信息，实现回路闭环控制，具有故障诊断与自愈控制、控制指令优化设定等功能。

（6）完善可持续发展的职业教育与专业人才培养模式，培养一批流程工业智能优化制造领域的专业技术与人才队伍。

完善人才引进、培养、使用、评价、激励和保障政策，优化人才引进和培养环境，重点培养和造就面向工业创新需求的实战型工程技术人才和具有扎实素养的应用型研发人才，提升在职人员劳动素质，培养一批流程工业智能优化制造领域的专业技术与研发人才队伍。

参 考 文 献

[1] Smart Manufacturing Leadship Coalition. Implementing 21st century smart manufacturing, 2011.

[2] 德国联邦教育研究部. 把握德国制造业的未来, 实施"工业 4.0"攻略的建议(中文版), 2013.

[3] 中华人民共和国国务院. 中国制造 2025, 2015.

[4] 王喜文. 中国制造 2025 解读: 从工业大国到工业强国. 北京: 机械工业出版社, 2015.

[5] 宋显珠. 2013-2014 年中国原材料工业发展蓝皮书. 北京: 人民出版社, 2014.

[6] 原材料工业司. 2015 年石化化工行业运行情况, 2015.

[7] 原材料工业司. 2015 年有色金属工业运行情况及 2016 年展望, 2015.

[8] 原材料工业司. 2015 年钢铁行业运行情况和 2016 年展望, 2015.

[9] 原材料工业司. 2015 年建材工业经济运行情况, 2015.

[10] 桂卫华, 陈晓方, 阳春华, 等. 知识自动化及工业应用. 中国科学: 信息科学, 2016(8): 1016-1034.

[11] McKinsey Global Institute. Disruptive technologies: advances that will transform life, business, and the global economy, 2013.

[12] Wang F Y. The destiny: towards knowledge automation—preface of the special issue for the 50th anniversary of Acta Automatica Sinica. Acta Automatica Sinica, 2013, 39: 1741-1743. [王飞跃. 天命唯新: 迈向知识自动化——《自动化学报》创刊 50 周年专刊序. 自动化学报, 2013, 39: 1741-1743.]

[13] Wang F Y. On future development of robotics: from industrial automation to knowledge automation. Science and Technology Review, 2015, 33: 39-44. [王飞跃.机器人的未来发展: 从工业自动化到知识自动化. 科技导报, 2015, 33: 39-45.]

[14] Silver D, Huang A, Maddison C J, et al. Mastering the game of Go with deep neural networks and tree search. Nature, 2016, 529: 484-489.

[15] Gui W H, Wang C H, Xie Y F, et al. The necessary way to realize great-leap-forward development of process industries. Bulletin of National Natural Science Foundation of China, 2015, 29: 337-342. [桂卫华, 王成红, 谢永芳, 等. 流程工业实现跨越式发展的必由之路. 中国科学基金, 2015, 29: 337-342.]

[16] 柴天佑. 工业过程控制系统研究现状与发展方向. 中国科学:信息科学, 2016(8): 1003-1015.

[17] 工业 4.0 工作组(德). 德国工业 4.0 战略计划实施建议. 刘晓龙, 郜振宇, 高金金, 等译, 2013.

[18] 尔里希·森德勒(德). 工业 4.0. 邓敏, 李现民, 译, 2014.

[19] Impulse für Wachstum, Beschäftigung und Innovation. Industrie 4.0 und Digitale Wirtschaft, 2015.

[20] Nie Y, Biegler L T, Wassick J M. Integrated scheduling and dynamic optimization of batch processes using state equipment networks. Aiche Journal, 2012, 58(11):3416-3432.

[21] 马竹梧, 徐化岩, 钱王平. 基于专家系统的高炉智能诊断与决策支持系统. 冶金自动化, 2016, 37(6): 7-37.

[22] 周秉利, 张群. 钢铁企业生产资源优化配置决策支持系统研究. 冶金自动化, 2012, 36(1): 13-18.

[23] 农国武, 乔晓东, 朱礼军, 等.基于概念分层和规则推理的铝电解决策支持系统. 轻金属, 2012, 2: 35-39.

[24] Porzio G F, Fornai B, Amato A, et al. Reducing the energy consumption and CO_2 emissions of energy intensive industries through decision support systems—An example of application to the steel industry. Applied Energy, 2013, 112: 818-833.

[25] Lindholm A, Johnsson C. Plant-wide utility disturbance management in the process industry. Computers & Chemical Engineering, 2013, 49(11): 146-157.

[26] Blackburn R, Lurz K, Priese B, et al, A predictive analytics approach for demand forecasting in the process industry. International Transations in Operational Research, 2015, 3(22):407-428.

[27] Friedland B. Advanced control system design. New Jersey: Prentice Hall, 1996.

[28] O'Dwyer A. Handbook of PI and PID controller tuning rules. London: Imperial College Press, 2006.

[29] 韩志刚, 汪国强.无模型控制律串级形式及其应用.自动化学报, 2006, 32(3): 345-352.

[30] Sugie T, Ono T. An iterative learning control law for dynamical systems. Automatica, 1991, 27(4): 729-732.

[31] Moore K L, Johnson M, Grimble M J. Iterative learning control for deterministic systems. New York: Springer-Verlag, 1993.

[32] Yager R R, Zadeh L A. An introduction to fuzzy logic applications in intelligent systems. Norwell: Kluwer Academic Publisher, 1992.

[33] Wang L X. Stable adaptive fuzzy control of nonlinear systems. IEEE Transactions on Fuzzy Systems, 1993, 1(2):146-155.

[34] Astrom K J, Anton J J, Arzen K E. Expert control. Automatica, 1986, 22(3): 277-286.

[35] Psaltis D, Sideris A, Yamamura A A. A multilayered neural network controller. IEEE Control Systems Magazine, 1988, 8(2): 17-21.

[36] 李祖枢, 徐鸣, 周其鉴. 一种新型的仿人智能控制器. 自动化学报, 1990, 16(6): 503-509.

[37] 吴宏鑫, 王迎春, 邢琰. 基于智能特征模型的智能控制及应用. 中国科学 E 辑, 2002, 32(6): 805-816.

[38] 吴宏鑫. 智能特征模型和智能控制.自动化学报, 2002, 28(增刊 1): 30-37.

[39] Fu Y, Chai T Y. Nonlinear multivariable adaptive control using multiple models and neural networks. Automatica, 2007, 43(6): 1101-1110.

[40] Chai T Y, Zhang Y J, Wang H, et al. Data based virtual un-modeled dynamics driven multivariable nonlinear adaptive switching control. IEEE Transactions on Neural Networks, 2011, 12(22): 2154-2171.

[41] Zhao D Y, Chai T Y, Wang H, et al. Hybrid intelligent control for regrinding process in hematite beneficiation. Control Engineering Practice, 2014, 22(1):217-230.

[42] Chai T Y, Li H B, Wang H. An intelligent switching control for the intervals of concentration and flow-rate of underflow slurry in a mixed separation thickener//Proceedings of IFAC World Congress, Cape Town, South Africa, 2014.

[43] Basak K, Abhilash K S, Ganguly S, et al. On-line optimization of a crude distillation unit with constraints on product properties. Industrial and Engineering Chemistry Research, 2002, 41(6): 1557-1568.

[44] Marchetti A, Chachuat B, Bonvin D. Real-time operations optimization of continuous processes//Proceedings of the 5th International Conference on Chemical Process Control. American Institute of Chemical Engineering, Lake Tahoe, USA, 1996: 156-164.

[45] 柴天佑, 丁进良, 王宏, 等. 复杂工业过程运行的混合智能优化控制方法. 自动化学报, 2008, 34(5): 505-515.

[46] Chai T Y, Ding J L, Wu F H. Hybrid intelligent control for optimal operation of shaft furnace roasting process. Control Engineering Practice, 2011, 3(19): 264-275.

[47] Engell S. Feedback control for optimal process operation. Journal of Process Control, 2007, 17(3): 203-219.

[48] Chai T Y, Qin S J, Wang H. Optimal operational control for complex industrial processes. Annual Reviews in Control, 2014, 38(1):81-92.

[49] Cannon M, Kouvaritakis B, Deshmukh V. Enlargement of polytopic terminal region in NMPC by interpolation and partial invariance. Automatica, 2004, 40(2): 311-317.

[50] Henson M A. Nonlinear model predictive control: current status and future directions. Computers and Chemical Engineering, 1998, 23(2): 187-202.

[51] Chai T Y, Ding J L, Wu F H. Hybrid intelligent control for optimal operation of shaft furnace roasting process.

Control Engineering Practice, 2011, 3(19):264-275.

[52]　Chai T Y, Zhao L, Qiu J B, et al. Integrated network based model predictive control for setpoints compensation in industrial processes. IEEE Transactions on Industrial Informatics, 2013, 9(1):417-426.

[53]　Liu F Z, Gao H J, Qiu J B, et al. Networked multirate output feedback control for setpoints compensation and its application to rougher flotation process. IEEE Transactions on Industrial Electronics, 2014, 61(1):460-468.

[54]　Isermann R, Balle P. Trends in the application of model based fault detection and diagnosis of technical processes. Control Engineering Practice, 1997, 5(5): 709-719.

[55]　Capisani L M, Ferrara A, Ferreira L A, et al. Manipulator fault diagnosis via higher order sliding-mode observers. IEEE Transactions on Industrial Electronics, 2012, 59(10): 2979-3986.

[56]　Qin S J. Survey on data-driven industrial process monitoring and diagnosis. Annual Reviews in Control, 2012, 36: 220-234.

[57]　Wu Z W, Wu Y J, Chai T Y, et al. Data-driven abnormal condition identification and self-healing control system for fused magnesium furnace. IEEE Transactions on Industrial Electronics, 2015, 62(3):1703-1715.

[58]　Liu Q, Qin S J, Chai T Y. Decentralized fault diagnosis of continuous annealing processes based on multi-level PCA. IEEE Transactions on Automation Science and Engineering, 2013, 10(3): 687-698.

[59]　Liu Q, Qin S J, Chai T Y. Multi-block concurrent PLS for decentralized monitoring of continuous annealing processes. IEEE Transactions on Industrial Electronics, 2014, 61(11): 6429-6437.

[60]　Yarnanaka F, Nishiya T. Application of the intelligent alarm system for the plant operation. Computers and Chemical Engineering, 1997, 21: 625-630.